普通高等教育数据科学
与大数据技术专业教材

Hive
编程技术与应用

第二版

主　编 ◎ 张铁红　张继山　那　锐

副主编 ◎ 林　徐　孙　帅　谌婧娇　王　云

中国水利水电出版社
www.waterpub.com.cn
·北京·

内 容 提 要

本书通过原理加案例的方式系统地讲解了 Hive 编程技术，使读者能够全面地了解使用 Hive 的开发流程。书中精心安排了 Hive 的原理分析、架构特点、环境搭建、HiveQL 使用等内容，给出了大量的开发案例及其开发过程，使读者对 Hive 开发有直观的印象。

全书共 10 章：第 1 ～ 7 章系统讲解 Hive 工作原理、特点，Hive 架构，HiveQL 表操作，HiveQL 数据操作，HiveQL 查询，Hive 配置与应用，Hive 自定义函数；第 8 ～ 10 章是综合案例部分，通过案例帮助读者掌握整个大数据项目的开发流程，包括数据清洗、数据处理、数据导入与导出。本书知识结构简单明了，案例生动具体，内容设计新颖，思路清晰。

本书不仅可作为普通高校大数据相关专业的教材，也可以作为想继续深入了解大数据编程的读者的参考书，还可作为各类相关培训班的培训教材。

本书配有电子教案，读者可以从中国水利水电出版社网站（www.waterpub.com.cn）或万水书苑网站（www.wsbookshow.com）免费下载。

图书在版编目（ＣＩＰ）数据

Hive编程技术与应用 / 张铁红，张继山，那锐主编
. -- 2版. -- 北京：中国水利水电出版社，2022.12
普通高等教育数据科学与大数据技术专业教材
ISBN 978-7-5226-1170-9

Ⅰ．①H… Ⅱ．①张… ②张… ③那… Ⅲ．①数据库系统－程序设计－高等学校－教材 Ⅳ．①TP311.13

中国版本图书馆CIP数据核字(2022)第241159号

策划编辑：石永峰　责任编辑：赵佳琦　加工编辑：周益丹　封面设计：梁　燕

书　名	普通高等教育数据科学与大数据技术专业教材 Hive 编程技术与应用（第二版） Hive BIANCHENG JISHU YU YINGYONG
作　者	主　编　张铁红　张继山　那　锐 副主编　林　徐　孙　帅　谌婧娇　王　云
出版发行	中国水利水电出版社 （北京市海淀区玉渊潭南路 1 号 D 座　100038） 网址：www.waterpub.com.cn E-mail：mchannel@263.net（答疑） 　　　　sales@mwr.gov.cn 电话：（010）68545888（营销中心）、82562819（组稿）
经　售	北京科水图书销售有限公司 电话：（010）68545874、63202643 全国各地新华书店和相关出版物销售网点
排　版	北京万水电子信息有限公司
印　刷	三河市德贤弘印务有限公司
规　格	210mm×285mm　16 开本　10 印张　250 千字
版　次	2018 年 9 月第 1 版　2018 年 9 月第 1 次印刷 2022 年 12 月第 2 版　2022 年 12 月第 1 次印刷
印　数	0001—3000 册
定　价	36.00 元

再 版 前 言

现在是大数据时代，我们正以前所未有的速度和规模产生数据。数据资产正在成为与土地、资本、人力并驾齐驱的关键生产要素，并在社会、经济、科学研究等方面颠覆人们探索世界的方法，驱动产业间的融合与分立。大数据是用来描述巨大数据规模、复杂数据类型的数据集，它本身蕴含着丰富的价值。对这些数据的分析处理促进了许多优秀的海量数据分析平台的产生，Hadoop 平台就是当前最为主流的一款。

Hive 是 Hadoop 生态系统中必不可少的一个工具，它提供了一种 SQL 语言，可以查询存储在 HDFS（Hadoop Distributed File System，Hadoop 分布式文件系统）中的数据或者 Hadoop 支持的其他文件系统，如 MapR-FS、Amazon S3、HBase 和 Cassandra。Hive 降低了应用程序迁移到 Hadoop 集群的复杂度，掌握 SQL 语句的开发人员可以轻松地学习并使用 Hive。

本书在第一版的基础上修订了差错，升级软件版本并配套了微课资源和习题。全书共分 10 章，其中不仅有详细的理论讲解，还有大量的实战操作。具体内容如下：

第 1 章首先介绍了 Hive 的基本工作原理及 HiveQL 语句在 Hive 中执行的具体流程；其次介绍了 Hive 中的数据类型，主要包括基本数据类型和复杂数据类型；最后介绍了 Hive 的特点。

第 2 章详细介绍了 Hive 的基本架构，主要包括 Hive 的相关用户接口、Hive 元数据库中的表结构和三种存储方式、Hive 数据存储中的相关概念、Hive 中文件格式的不同特性和区别。

第 3 章介绍了 HiveQL 的相关表操作。

第 4 章介绍了 HiveQL 的相关数据操作，主要包括数据的导入和导出。

第 5 章介绍了 HiveQL 查询语句中的不同语法和使用方式。

第 6 章介绍了 Hive 的完整安装过程。在此基础上给出 Hive 的不同访问方式，并基于 Hive CLI 方式给出相关操作的介绍，同时给出 Hive 数据定义的相关操作。

第 7 章介绍了 Hive 的自定义函数，给出了 UDF、UDTF、UDAF 各自的函数实现方式，并给出了具体的实现源码。

第 8 ~ 10 章给出了 Hive 的相关综合案例，将之前章节的内容通过实际案例串联起来，达到最终应用的目的。

本书由张铁红、张继山、那锐担任主编，林徐、孙帅、谌婧娇、王云担任副主编，参与编写的还有何姗姗。本书的编写得到北京百知教育科技有限公司和中国水利水电出版社的大力支持，在此表示感谢。

由于时间仓促，加之编者水平有限，书中难免存在不足之处，恳请读者提出宝贵的意见和建议。

编 者

2022 年 5 月

目　录

第 1 章　Hive 介绍

Hive 是基于 Hadoop 的一个数据仓库工具。它可以将结构化的数据文件映射为一张数据库表，并提供完整的 SQL 查询功能，可以将 SQL 语句转换为 MapReduce 任务进行运行。其优点是学习成本低，可以通过类 SQL 语句快速实现简单的 MapReduce 统计，不必开发专门的 MapReduce 应用，十分适合数据仓库的统计分析。同时，Hive 也是建立在 Hadoop 上的数据仓库基础构架。它提供了一系列的工具用来进行数据提取、转化、加载，并且提供了存储、查询和分析 Hadoop 中的大规模数据的机制。Hive 定义了简单的类 SQL 查询语言，称为 HiveQL，它允许熟悉 SQL 的用户查询数据。这个语言也允许熟悉 MapReduce 的开发者设计自定义的 Mapper 和 Reducer 来处理内建的 Mapper 和 Reducer 无法完成的复杂的分析工作。

Hive 的命令行接口和关系数据库的命令行接口类似。但是 Hive 和关系数据库还是有很大的不同，主要体现在以下几点：

（1）Hive 和关系数据库存储文件的系统不同。Hive 使用的是 Hadoop 的 HDFS，关系数据库使用的则是服务器本地的文件系统。

（2）Hive 使用的计算模型是 MapReduce，而关系数据库使用的则是自己设计的计算模型。

（3）关系数据库都是为实时查询的业务进行设计的，而 Hive 则是为海量数据做数据挖掘设计的。Hive 的实时性很差，实时性的差别导致 Hive 的应用场景和关系数据库有很大的不同。

（4）Hive 很容易扩展自己的存储能力和计算能力，这是继承了 Hadoop 的特性，而关系数据库在这方面要比 Hive 逊色很多。

1.1　Hive 的工作原理

Hive 工作原理

Hive 的工作原理简单来说就是一个查询引擎。当 Hive 接收到一条 SQL 语句后会执行如下的操作：

（1）词法分析和语法分析。使用 antlr 将 SQL 语句解析成抽象语法树。

（2）语义分析。从 MetaStore 中获取元数据信息，验证 SQL 语句中的表名、列名、数据类型。

（3）逻辑计划生成。生成逻辑计划得到算子树。

（4）逻辑计划优化。对算子树进行优化，包括列剪枝、分区剪枝、谓词下推等。

（5）物理计划生成。将逻辑计划生产出包含由 MapReduce 任务组成的 DAG 的物理计划。

（6）物理计划执行。将 DAG 发送到 Hadoop 集群进行执行。

（7）将查询结果返回。

Hive 的工作流程图如图 1-1 所示。

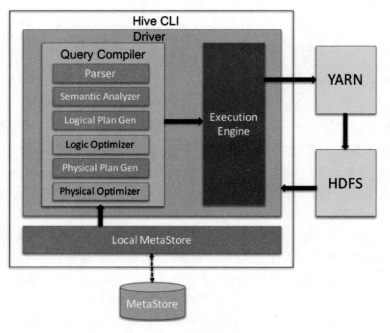

图 1-1 Hive 的工作流程图

如图 1-1 所示，HiveQL 通过 Hive CLI、Thrift、jdbc 服务接口提交，经过 Hive 的 SQL 解析引擎解析，并且结合 MetaStore 中的元数据进行类型检测和语法分析，生成一个逻辑方案，同时进行内部简单的优化处理，产生一个以有向无环图 DAG 数据结构形式展现的 MapReduce 任务，其中涉及的组件有：

- 元存储（MetaStore）。该组件存储了 Hive 中表的描述信息，其中包含表、表的分区、模式、列及其类型、表数据映射关系等。通常在实际的应用中会考虑将 MetaStore 中的数据存储到 RDBMS，比如 MySQL。
- 驱动（Driver）。控制 HiveQL 生命周期的组件，当 HiveQL 查询提交到 Hive 时，该驱动管理着会话句柄以及任何会话的统计。
- 查询编译器（Query Compiler）。该组件将 HiveQL 编译成有向无环图形式的 MapReduce 任务。
- 执行引擎（Execution Engine）。该组件按照依赖性顺序执行由编译器产生的任务。
- Hive 服务器（Hive Server）。目前该组件提供 Thrift、JDBC 远程语句接口等。
- 客户端组件（UI）。提供命令行接口 Hive CLI、Web UI 以及 JDBC 驱动。

1.2 Hive 的数据类型

Hive 支持两种数据类型，一种为基本数据类型，另一种为复杂数据类型。基本数据类型包括数值型、布尔型和字符串类型，具体见表 1-1。

Hive 是用 Java 开发的，除了 string 类型，Hive 中的基本数据类型和 Java 的基本数据类型也是一一对应的。有符号的整数类型：tinyint、smallint、int 和 bigint 分别等价于 Java 的 byte、short、int 和 long 类型，它们分别为 1 字节、2 字节、4 字节和 8 字节有符号整数；

Hive 的浮点数据类型 float 和 double 对应于 Java 的基本数据类型 float 和 double；Hive 的 boolean 数据类型相当于 Java 的基本数据类型 boolean。

表 1-1　Hive 基本数据类型

类型	描述	示例
tinyint	1 字节（8 位）有符号整数	1
smallint	2 字节（16 位）有符号整数	1
int	4 字节（32 位）有符号整数	1
bigint	8 字节（64 位）有符号整数	1
float	4 字节（32 位）单精度浮点数	1.0
double	8 字节（64 位）双精度浮点数	1.0
boolean	true/false	true
string	字符串	'hive' 或者 "hive"

Hive 的 string 数据类型相当于数据库的 varchar 数据类型。该类型是一个可变的字符串，它不能声明其中最多能存储多少个字符，理论上它可以存储长度为 2GB 的字符串。

Hive 支持基本数据类型的转换，占用字节少的基本数据类型可以转化为占用字节多的数据类型。例如 tinyint、smallint、int 可以转化为 float，而所有的整数类型、float 以及 string 类型可以转化为 double 类型。这些转化可以从 Java 语言的类型转化考虑，因为 Hive 就是用 Java 语言编写的。当然也支持占用字节多的数据类型转化为占用字节少的数据类型，这就需要使用 Hive 的自定义函数 CAST 了。

Hive 的复杂数据类型包括数组（array）、映射（map）和结构体（struct），具体见表 1-2。

表 1-2　Hive 复杂数据类型

类型	描述	示例
array	一组有序字段。字段的类型必须相同	array(1,2)
map	一组无序的键值对。键的类型必须是基本数据类型，值可以是任何类型，同一个映射的键的类型必须相同，值的类型也必须相同	map('a',1,'b',2)
struct	一组命名的字段。字段类型可以不同	struct('a',1,1,0)

下面给出使用复杂数据类型建表的实例。

```
create table complex(Col1 array<int>,
Col2 map<string,int>,
Col3 struct<a:string,b:int,c:double>);
```

对应此表的查询语句：

```
select Col1[0],Col2['b'],Col3.c
from complex;
```

1.3　Hive 的特点

Hive 是一种底层封装了 Hadoop 的数据仓库处理工具，使用类 SQL 的 HiveQL 语言实现数据查询，所有 Hive 的数据都存储在 Hadoop 兼容的文件系统（例如 Amazon S3、

HDFS）中。Hive 在加载数据过程中不会对数据进行任何的修改，只是将数据移动到 HDFS 中 Hive 设定的目录下。因此 Hive 不支持对数据的改写和添加，所有的数据都是在加载的时候确定的。Hive 的设计特点如下：

（1）支持索引，加快数据查询。

（2）支持不同的文件存储类型，例如，纯文本文件、HBase 中的文件。

（3）将元数据保存在关系数据库中，大大减少了在查询过程中执行语义检查的时间。

（4）可以直接使用存储在 Hadoop 文件系统中的数据。

（5）内置大量用户函数 UDF 来操作时间、字符串和其他的数据挖掘工具；支持用户扩展 UDF 函数来完成内置函数无法实现的操作。

（6）类 SQL 的查询方式，将 SQL 查询转换为 MapReduce 的 Job 在 Hadoop 集群上执行。

本 章 小 结

本章首先介绍了 Hive 的基本工作原理，HiveQL 语句在 Hive 中执行的具体流程；其次介绍了 Hive 中的数据类型，主要包括基本数据类型和复杂数据类型；最后给出了 Hive 的设计特点。

习　题　1

一、选择题

1. Hive 是以（　　）技术为基础的数据仓库。

    A. HDFS   B. MapReduce   C. Hadoop   D. HBase

2. Hive 是基于（　　）为计算引擎的。

    A. MapReduce   B. HTML5   C. Web   D. Ajax

3. 以下为 Hive 优点的是（　　）。

    A. 可以使用 SQL 语句操作存储在 hdfs 中的数据

    B. 可以通过语句自动编译 MAPReduce

    C. 可以直接在表中插入数据

    D. 可以存储数据

4. （　　）不是 Hive 支持的数据类型。

    A. map   B. struct   C. long   D. int

5. （　　）不是 Hive 数据类型的基本类型。

    A. varchar   B. int   C. float   D. double

6. Hive 是为了解决（　　）的问题。

    A. 海量结构化日志的数据统计   B. 分布式组件调度

    C. 分布式系统监控   D. 分布式系统高可用

二、填空题

1．Hive 是 Hadoop 基于的一个分布式 _____。

2．Hive 的工作原理简单来说就是一个 _____。

3．Hive 支持两种数据类型，一种为基本数据类型，另一种为 _____。基本数据类型包括 _____、布尔型和字符串类型。

4．Hive 中有符号的整数类型：_____、smallint、int 和 bigint 分别等价于 Java 的 byte、short、int 和 long。

三、简答题

1．Hive 和关系数据库有很大的不同，主要体现在哪几点？

2．当 Hive 接收到一条 SQL 语句后会执行哪些操作？

3．Hive 的设计特点有哪些？

第 2 章 Hive 架构

Hive 是为了简化用户编写 MapReduce 程序而生成的一种框架。在 Hive 架构中主要包括 Hive 用户接口、Hive 元数据库等。本章将给出 Hive 架构的详细介绍。

2.1 Hive 用户接口

Hive 提供了以下三种客户端用户访问接口。

（1）Hive CLI（Hive Command Line，Hive 命令行）。客户端可以直接在命令行模式下进行操作。通过命令行，用户可以定义表、执行查询等。如果没有指定其他服务，这个就是默认的服务。

（2）HWI（Hive Web Interface，Hive Web 接口）。Hive 提供了更直观的 Web 界面，可以执行查询语句和其他命令，这样可以不用登录到集群中的某台机器上使用 CLI 来进行查询。

（3）Hive 提供了 Thrift 服务，即 HiveServer。它是监听来自于其他进程的 Thrift 连接的一个守护进程。Thrift 客户端目前支持 C++/Java/PHP/Python/Ruby 语言。

2.1.1 Hive CLI

Hive CLI 提供了执行 HiveQL、设置参数等功能。要启用 CLI 只需要在命令行下执行 $HIVE_HOME/bin/hive 命令。在命令下执行 hive -H 可以查看 CLI 的参数选项，如图 2-1 所示。

Hive 的启动和退出

HiveServer2 和 Beeline
配置和使用

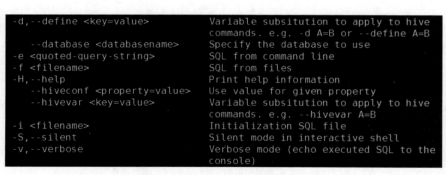

```
-d,--define <key=value>          Variable subsitution to apply to hive
                                 commands. e.g. -d A=B or --define A=B
   --database <databasename>     Specify the database to use
-e <quoted-query-string>         SQL from command line
-f <filename>                    SQL from files
-H,--help                        Print help information
   --hiveconf <property=value>   Use value for given property
   --hivevar <key=value>         Variable subsitution to apply to hive
                                 commands. e.g. --hivevar A=B
-i <filename>                    Initialization SQL file
-S,--silent                      Silent mode in interactive shell
-v,--verbose                     Verbose mode (echo executed SQL to the
                                 console)
```

图 2-1 Hive CLI 的参数选项

Hive CLI 每一个对应的参数选项的具体解释见表 2-1。

表 2-1 Hive CLI 参数选项详解

参数选项	说明
-d,--define <key=value>	应用于 Hive 命令的变量替换，如 -d A=B 或者 --define A=B
--database <databasename>	指定所使用的数据库

续表

参数选项	说明
-e \<quoted-query-string\>	执行命令行指定的 SQL
-f \<filename\>	执行文件中的 SQL
-H,--help	打印帮助信息
-h \<hostname\>	连接远程主机上的 Hive 服务器

下面介绍几个常用的 Hive 命令行操作实例。

（1）执行一个查询：

```
$HIVE_HOME/bin/hive -e 'select a.col from a'
```

命令执行过程中会在终端上显示 MapReduce 的进度。执行完毕后，把查询结果输出到终端上，接着 Hive 进程退出，不会进入交互模式。

（2）静音模式执行一个查询：

```
$HIVE_HOME/bin/hive -S -e 'select a.col from a'
```

命令中加入 -S 则终端上的输出不会有 MapReduce 的进度。执行完毕只会把查询结果输出到终端上。这个静音模式很实用，通过第三方程序调用，第三方程序通过 Hive 的标准输出获取结果集。

（3）静音模式执行一个查询把结果集导出：

```
$HIVE_HOME/bin/hive -S -e 'select a.col from a' > a.csv
```

（4）不进入交互模式执行一个 Hive Script：

```
$HIVE_HOME/bin/hive -f /home/hive/hive-script.sql
```

hive-script.sql 是使用 HiveSQL 语法编写的脚本文件，执行的过程和用 -e 参数选项类似，区别是从文件加载 SQL。但是 HiveSQL 文件对于 bash 来说是不能使用变量，而使用 -e 的方式，可以在 bash 里使用变量。这里也可以和静音模式 -S 联合使用，通过第三方程序调用，第三方程序通过 Hive 的标准输出获取结果集。

上述实例中都是在终端直接执行 Hive CLI 命令行操作，并没有进入 Hive 交互式 Shell 模式。当执行 $HIVE_HOME/bin/hive 时，没有 -e 或者 -f 选项则会进入交互式 Shell 模式。

2.1.2 HWI

HWI 是 Hive CLI 命令行接口的一个 Web 替换方案。HWI 的特点是相对于命令行方式界面友好，适合不太熟悉 Linux 命令行操作方式的人员。

1. 配置和启动 HWI

这里以 Hive 的 1.2.1 版本为例。HWI 的运行需要依赖两个包：hive-hwi-1.2.1.jar 和 hive-hwi-1.2.1.war，这两个包应该都部署在 $HIVE_HOME/lib 目录下。但是在 apache-hive-1.2.1-bin.tar.gz 的安装包 lib 目录下没有提供 war 包，解决方法是下载对应版本的 Hive 源码。进入到源码包的 /hwi/web/ 目录下，将该目录下的文件夹和文件压缩成 war 包，并且命名为 hive-hwi-1.2.1.war，放到 $HIVE_HOME/lib 目录下即可。

配置 $HIVE_HOME/conf/hive-site.xml，如图 2-2 所示。

启动 HWI 服务，$HIVE_HOME/bin/hive -service hwi，输出如图 2-3 所示。

WAR 文件制作

HWI 的配置

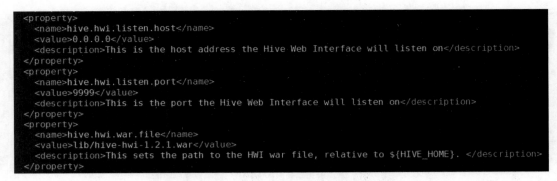

图 2-2 hive-site.xml 中关于 HWI 的配置内容

图 2-3 HWI 服务启动过程

2. HWI 的使用

（1）用户认证信息。使用浏览器打开 http://Hive 安装包所在服务器的 IP:9999/hwi/，首先会提示填入用户的信息，即用户名和用户组，填入之后单击 Submit 会提示认证完成，如图 2-4 所示。

图 2-4 HWI 的用户认证

（2）创建会话。单击左侧的 Create Session（创建会话）项，创建一个 Hive 的会话（Session）。填入会话名之后单击 Submit 进入会话管理页面，如图 2-5 所示。

（3）执行查询。进入会话管理页面后，在 Result File 项中填入结果保存文件（注意：这个文件必须存在）；在 Query 项中填入要执行的 HiveQL 语句；在 Start Query 下拉列表中选择 NO；单击 Submit 开始执行 HiveQL 语句，如图 2-6 所示。

单击图 2-6 中左侧的 List Sessions 项会显示每个 Session（会话）的当前状态，如图 2-7 所示。

当 Status 为 READY 时，表示前面的查询已经执行完。单击 Manager 进入会话管理页面，再单击 Result File 后面的 View File 项查看执行结果，如图 2-8 所示。

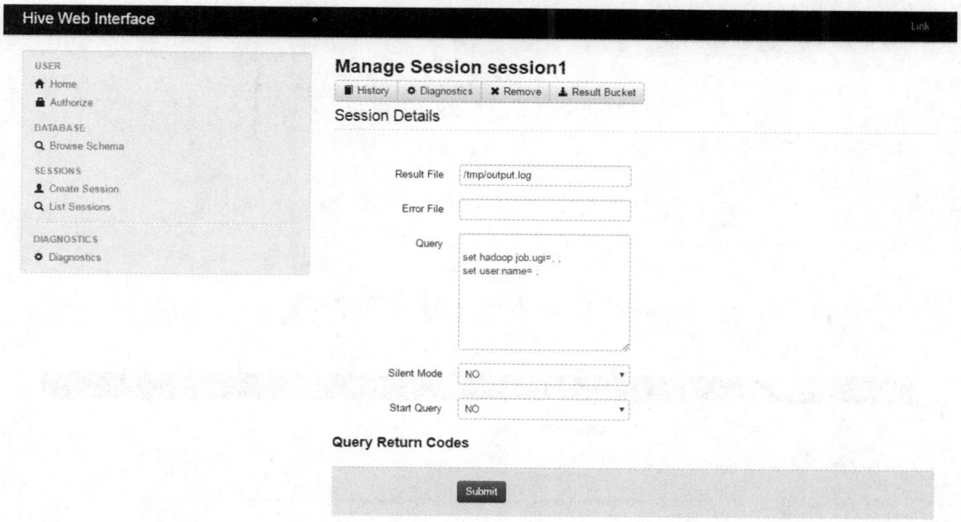

图 2-5　HWI 的会话管理

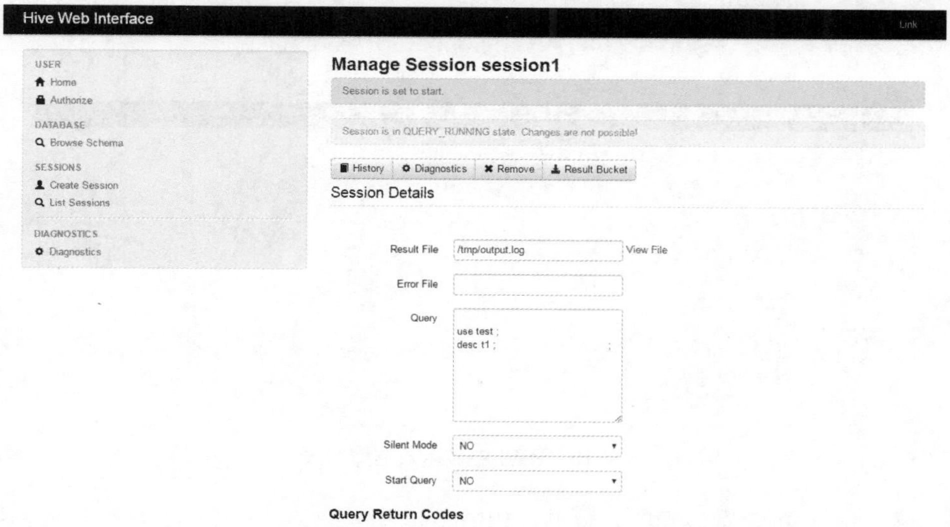

图 2-6　在 HWI 中执行 HiveQL 语句

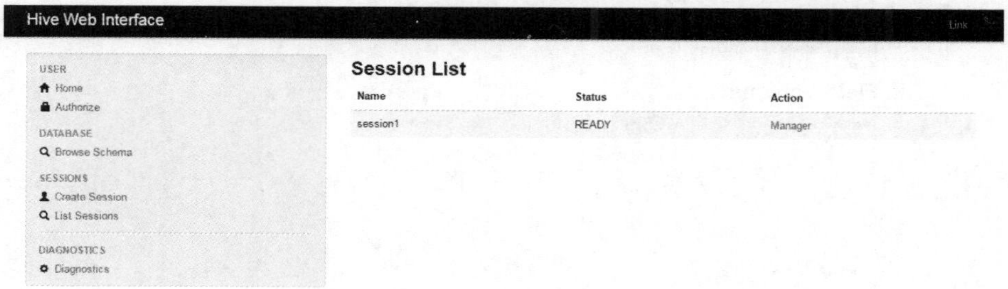

图 2-7　HWI 中的会话状态

（4）浏览数据库。单击会话管理页面左侧的 Browse Schema 项可浏览 Hive 中所有的数据库，如图 2-9 所示。

单击一个数据库可浏览该数据库所有的表，如图 2-10 所示。

Hive Web Interface

/tmp/output.log

		key	string
key2	int		

This file contains 0 of 1024 blocks. Next Block

图 2-8　HWI 中会话执行的结果

图 2-9　HWI 中显示 Hive 所有的数据库

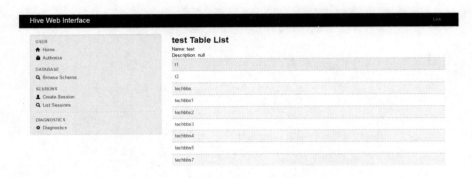

图 2-10　HWI 中显示数据库的表

单击某一个表可查看该表的元数据，如图 2-11 所示。

techbbs

ColsSize: 3
Input Format: org.apache.hadoop.mapred.TextInputFormat
Output Format: org.apache.hadoop.hive.ql.io.HiveIgnoreKeyTextOutputFormat
Is Compressed?: false
Location: hdfs://master:9000/project/cleandata
Number Of Buckets: -1

Field Schema

Name	Type	Comment
ip	string	null
atime	string	null
url	string	null

Bucket Columns

Sort Columns

Column	Order

Parameters

Name	Value

图 2-11　HWI 中显示数据表的元数据

2.1.3　Thrift 服务

Java 连接 Hive

　　Hive 以 Thrift 方式作为服务对客户端提供，目前 Hive 的 Thrift 绑定了多种语言（C++/Java/PHP/Python/Ruby），可在 Hive 发行版本的 src/service/src 目录下找到这些语言的 Thrift 绑定。Hive 还提供了 JDBC 和 ODBC 的驱动，大大方便了基于 Hive 的应用开发。本书利用官方的例子对 JDBC 驱动进行了测试。

　　（1）启动 hiveserver：hive -service hiveserver2。

　　（2）Eclipse 中新建一个 Java 工程 HiveJDBC。

　　（3）将工程依赖的 jar 包加入到工程的 buildpath 里。jar 包括 Hive 目录里面的 lib 下的 jar 包，还有目录 share/hadoop/common 下的 hadoop-common-2.2.0.jar。

　　（4）在工程中创建 Java 源文件 HiveJDBCTest.java，内容如下：

```java
import java.sql.Connection;
import java.sql.DriverManager;
import java.sql.ResultSet;
import java.sql.SQLException;
import java.sql.Statement;
public class HiveJDBCTest {
  private static Connection conn = null;
  public static void main(String args[]) {
    try {
      Class.forName("org.apache.hive.jdbc.HiveDriver");
      conn = DriverManager.getConnection(
          "jdbc:hive2://192.168.51.246:10000/test", "", "");
      Statement st = conn.createStatement();
      String tableName = "hivetest";
      st.execute("drop table if exists " + tableName);
      st.execute("create table "
          + tableName
          + "(key int, value string) row format delimited fields terminated by '\t'");
      System.out.println("Create table success!");
      st.execute("load data inpath '/data.txt' into table hivetest");
      ResultSet rs = st.executeQuery("select * from hivetest");
      while (rs.next()) {
        System.out.println(rs.getString(1) + "  " + rs.getString(2));
      }
    } catch (ClassNotFoundException e) {
      e.printStackTrace();
    } catch (SQLException e) {
      e.printStackTrace();
    }
  }
}
```

程序运行结果如图 2-12 所示。

```
log4j:WARN No appenders could be found for logger (org.apache.hive.jdbc.Utils).
log4j:WARN Please initialize the log4j system properly.
log4j:WARN See http://logging.apache.org/log4j/1.2/faq.html#noconfig for more info.
SLF4J: Failed to load class "org.slf4j.impl.StaticLoggerBinder".
SLF4J: Defaulting to no-operation (NOP) logger implementation
SLF4J: See http://www.slf4j.org/codes.html#StaticLoggerBinder for further details.
Create table success!
1  zhangsan
2  lisi
3  wangwu
```

图 2-12　程序运行结果截图

2.2　Hive 元数据库

2.2.1　Hive 元数据表结构

在使用 Hive 进行开发时，往往需要获得一个已存在 Hive 表的建表语句（Data Definition Language，DDL），然而 Hive 本身并没有提供这样一个工具。要想还原建表 DDL 就必须从元数据入手。我们知道，Hive 的元数据并不存放在 HDFS 上，而是存放在传统的 RDBMS 中，典型的如 MySQL、Derby 等。这里我们以 MySQL 为元数据库，结合 1.2.1 版本的 Hive 进行介绍。

连接上 MySQL 后可以看到 Hive 元数据对应的表大概有 20 个，其中和表结构信息有关的有 9 个，其余的 10 多个或为空，或只有简单的几条记录。部分主要表的简要说明见表 2-2。

表 2-2　Hive 元数据表

表名	说明	关联键
TBLS	所有 Hive 表的基本信息	TBL_ID，SD_ID
TABLE_PARAM	表级属性，如是否外部表、表注释等	TBL_ID
COLUMNS	Hive 表字段信息（字段注释，字段名，字段类型，字段序号）	SD_ID
SDS	所有 Hive 表、表分区所对应的 HDFS 数据目录和数据格式	SD_ID，SERDE_ID
SERDE_PARAM	序列化反序列化信息，如行分隔符、列分隔符、NULL 的表示字符等	SERDE_ID
PARTITIONS	Hive 表分区信息	PART_ID，SD_ID，TBL_ID
PARTITION_KEYS	Hive 分区表分区键	TBL_ID
PARTITION_KEY_VALS	Hive 表分区名（键值）	PART_ID

除了表 2-2 中的几个表外，还有两个表非常有用，就是表 NUCLEUS_TABLES 和表 SEQUENCE_TABLE。表 NUCLEUS_TABLES 中保存了元数据表和 Hive 中 Class 类的对应关系。如类 org.apache.hadoop.hive.metastore.model.Mtable 和表 TBLS，说明 MTable 类对应了元数据的 TBLS 表。不难想象当我们创建一个表时，Hive 一定会通过 MTable 的 DAO 模式向 TBLS 插入一条数据用来描述刚刚创建的 Hive 表。表 NUCLEUS_TABLES

中共有 17 条这样的记录。表 SEQUENCE_TABLE 保存了 Hive 对象的下一个可用 ID（如"org.apache.hadoop.hive. metastore.model.MTable"，271786），则下一个新创建的 Hive 表其TBL_ID 就是 271786，同时 SEQUENCE_TABLE 表中 271786 被更新为 271791（这里每次都是 +5 而不是通常的 +1）。同样，表 COLUMN、PARTITION 等都有相应的记录。

从上面两个表的内容来看，Hive 创建表的过程已经比较清楚了。

（1）解析用户提交的 Hive 语句，对其进行解析，分解为表、字段、分区等 Hive 对象。

（2）根据解析到的信息构建对应的表、字段、分区等对象。从 SEQUENCE_TABLE 中获取构建对象的最新 ID，与构建对象信息（名称、类型等）一同通过 DAO 方法写入到元数据表中，成功后将 SEQUENCE_TABLE 中对应的最新 ID 加 5（ID+5）。

实际上我们常见的 RDBMS 都是通过这种方法进行组织的。典型的如 PostgreSQL，其系统表中和 Hive 元数据一样暴露了这些 ID 信息，而 Oracle 等商业化的系统则隐藏了这些具体的 ID 信息。

2.2.2　Hive 元数据的三种存储模式

有三种模式可以将 Hive 元数据存储在 RDBMS 中，见下所述。其中前两种均属于本地存储，第三种属于远端存储。对于使用外部数据库存储元数据的情况，实际应用中通常使用 MySQL 数据库。

1. 单用户模式

默认安装 Hive 时，Hive 是使用 Derby 内存数据库保存 Hive 的元数据，这样是不可以并发调用 Hive 的，这种模式是 Hive 默认的存储模式。使用 Derby 存储方式时，运行Hive 会在当前目录生成一个 Derby 文件和一个 metastore_db 目录。这种存储方式的弊端是在同一个目录下同时只能有一个 Hive 客户端能使用数据库。配置文件中的 hive.metastore. warehouse.dir 项指出了仓库的存储位置（注意对于 Hive 来说，数据是存储在 HDFS 上的，元数据存储在数据库），默认属性值为 /user/hive/warehouse。假如利用 Hive CLI 创建表records，则在 HDFS 上会看到目录 /user/hive/warehouse/records/，此目录下存放数据。命令 "load data local inpath 'input/test.txt' overwrite into table records" 会告诉 Hive 把指定的本地文件放到它的仓库位置，此操作只是一个文件的移动操作，去掉 local 的 load 命令的作用是移动 HDFS 中的文件。

2. 多用户模式

多用户模式是使用本机 MySQL 服务器存储元数据，需要在本地运行一个 MySQL 服务器。例如，启动 Hive 并且在 CLI 命令行下创建表 student，在 MySQL 中通过 use hive 切换到 hive 数据库，通过 select * from TBLS 可以看到我们新创建的数据库，这表明 MySQL数据库存储元数据成功。

3. 远程服务器模式

在服务器端启动一个 MetaStoreServer，客户端利用 Thrift 协议通过 MetaStoreServer访问元数据库。客户端的主要配置是 hive.metastore.uris，用于通过 Thrift 连接 MetaStore，默认 MetaStore 端口是 9083。这种方式要单独启动 MetaStore，命令为 hive --service metastore。通过 CLI 执行 show tables，成功则表示 remote server mode 配置成功。

2.3 Hive 数据存储

Hive 的数据分为表数据和元数据，表数据是 Hive 中表格具有的数据，而元数据是用来存储表的名字、表的列、表分区及其属性以及表的数据所在目录等。

Hive 是基于 Hadoop 分布式文件系统的，它的数据存储在 Hadoop 分布式文件系统中。Hive 本身是没有专门的数据存储格式，也没有为数据建立索引，只需要在创建表的时候告诉 Hive 数据中的列分隔符和行分隔符，Hive 就可以解析数据。所以往 Hive 表里面导入数据只是简单地将数据移动到表所在的目录中。

下面介绍 Hive 的几种常见的数据导入方式，主要有四种：

● 从本地文件系统中导入数据到 Hive 表。

● 从 HDFS 上导入数据到 Hive 表。

● 从其他的表中查询出相应的数据并导入到 Hive 表中。

● 在创建表的时候通过从其他的表中查询出相应的记录并插入到所创建的表中。

Hive 中主要包含以下几种数据模型：表（Table）、外部表（External Table）、分区（Partition）和桶（Bucket）。

（1）表。Hive 中的表和关系型数据库中的表在概念上很相似。每个表在 HDFS 中都有相应的目录用来存储表的数据，这个目录可以通过配置文件 ${HIVE_HOME}/conf/hive- site.xml 中的 hive.metastore.warehouse.dir 属性来配置，这个属性的默认值是 /user/hive/ warehouse（这个目录是 HDFS 上的路径），可以根据实际的情况来修改这个配置。如果有一个表 hive，那么在 HDFS 中会创建 /user/hive/warehouse/hive 目录（这里假定 hive.metastore.warehouse.dir 属性配置为 /user/hive/warehouse）。hive 表中所有的数据都存放在这个目录中，但外部表例外。

（2）外部表。Hive 中的外部表和表很类似，但是其数据不是存放在自己表所属的目录中，而是存放到别处。这样的好处是如果要删除这个外部表，该外部表所指向的数据是不会被删除的，它只会删除外部表对应的元数据。而如果要删除表，该表对应的所有数据包括元数据都会被删除。

（3）分区。在 Hive 中，表的每一个分区对应表下的相应目录，所有分区的数据都是存储在对应的目录中。比如 hive 表有 dt 和 city 两个分区，则 dt=20131218、city=BJ 对应表的目录为 /user/hive/warehouse/dt=20131218/city=BJ。所有属于这两个分区的数据都存放在这个目录中。

（4）桶。对指定的列计算其哈希值，根据哈希值切分数据，目的是为了并行，每一个桶对应一个文件（注意和分区的区别）。比如将 hive 表的 id 列分散至 16 个桶中，首先对 id 列的值计算哈希值。哈希值为 0 的数据存储的 HDFS 目录为 /user/hive/warehouse/wyp/part-00000，而哈希值为 2 的数据存储的 HDFS 目录为 /user/hive/warehouse/wyp/part-00002。

2.4　Hive 文件格式

2.4.1　TextFile 格式

TextFile 格式是默认文件格式。数据不做压缩，磁盘开销大，数据解析开销也大。可结合 gzip、bzip2 使用（系统自动检查，执行查询时自动解压）。但使用这种方式 Hive 不会对数据进行切分，从而无法对数据进行并行操作。

例如创建一个表 user_info_t：

```
create table if not exists user_info_t(id bigint,username string,password string,sex string) row format
    delimited fields terminated by '\t' stored as textfile;
load data local inpath '/root/userinfo.txt' into table user_info_t;
```

2.4.2　SequenceFile 格式

SequenceFile 格式是 Hadoop API 提供的一种二进制文件格式，它将数据以二进制的形式序列化到文件中。这种二进制文件内部使用 Hadoop 的标准的 Writable 接口实现序列化和反序列化。它与 Hadoop API 中的 MapFile 是互相兼容的。Hive 中的 SequenceFile 继承自 Hadoop API 的 SequenceFile，不过它的 key 为空，它使用 value 存放实际的值，这样是为了避免 MR 在运行 map 阶段的排序过程。此文件格式具有使用方便、可分割、可压缩的特点。SequenceFile 支持三种压缩选择：NONE、RECORD、BLOCK。RECORD 压缩率低，一般建议使用 BLOCK 压缩。

例如创建一个表 user_info_seq：

```
create table if not exists user_info_seq(id bigint,username string,password string,sex string) row format
    delimited fields terminated by '\t' stored as sequencefile;
insert overwrite table user_info_seq select * from user_info_t;
```

2.4.3　RCFile 格式

RCFile 格式是一种行列存储相结合的存储方式。首先，将数据按行分块，保证同一个 record 存储在同一个块上，避免读一个记录需要读取多个块；其次，块数据列式存储有利于数据压缩和快速的列存取。

例如创建一个表 user_info_rc：

```
create table if not exists user_info_rc(id bigint,username string,password string,sex string) row format
    delimited fields terminated by '\t' stored as rcfile;
insert overwrite table user_info_rc select * from user_info_t;
```

2.4.4　ORC 格式

ORC 的全称是 Optimized Row Columnar。ORC 文件格式是一种 Hadoop 生态圈中的列式存储格式。它产生于 2013 年年初，最初产生自 Apache Hive，用于降低 Hadoop 数据存储空间和加速 Hive 查询速度。ORC 并不是一个单纯的列式存储格式，和 Parquet 类似，它仍然是首先根据行组分割整个表,在每一个行组内进行按列存储。ORC 文件是自描述的,它的元数据使用 Protocol Buffers 序列化，并且文件中的数据尽可能地压缩以降低存储空间的消耗。目前也被 Spark SQL、Presto 等查询引擎支持。但是目前 Impala 对于 ORC 没有支持，它仍然使用 Parquet 作为主要的列式存储格式。2015 年 ORC 项目被 Apache 项目基金会提升为 Apache 顶级项目。ORC 具有以下一些优势：

（1）是列式存储，有多种文件压缩方式，并且有着很高的压缩比。

（2）文件是可分割（Split）的。在 Hive 中使用 ORC 作为表的文件存储格式，不仅节省 HDFS 存储资源，而且查询任务的输入数据量减少，使用的 MapTask 也就减少了。

（3）提供了多种索引。

（4）可以支持复杂的数据结构（比如 map 等）。

ORC 文件是以二进制方式存储的，所以是不可以直接读取的。ORC 文件也是自解析的，它包含许多的元数据。ORC 格式的文件结构如图 2-13 所示。

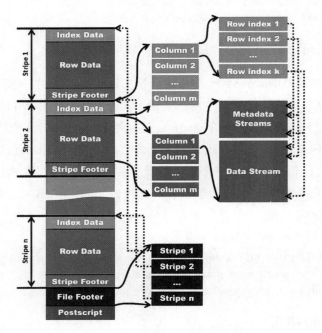

图 2-13　ORC 格式的文件结构

图 2-13 中涉及如下的概念：

ORC 文件：保存在文件系统上的普通二进制文件，一个 ORC 文件中可以包含多个 Stripe，每一个 Stripe 包含多条记录，这些记录按照列进行独立存储。

文件级元数据：包括文件的描述信息 Postscript、文件 Meta 信息（包括整个文件的统计信息）、所有 Stripe 的信息和文件 Schema 信息。

Stripe：一组行形成一个 Stripe，每次读取文件是以行组为单位的，一般为 HDFS 的块大小，保存了每一列的索引和数据。

Stripe 元数据：保存 Stripe 的位置、每一个列在该 Stripe 内的统计信息以及所有的 Stream 类型和位置。

Row Group：索引的最小单位，一个 Stripe 中包含多个 Row Group，默认为 10000。

Stream：一个 Stream 表示文件中一段有效的数据，包括索引和数据两类。索引 Stream 保存每一个 Row Group 的位置和统计信息。数据 Stream 包括多种类型的数据，具体需要哪几种由该列类型和编码方式决定。

本 章 小 结

本章首先给出 Hive 用户接口中 Hive CLI、HWI 和 Thrift 服务；然后介绍了 Hive 元数据库中的表结构和对应的三种存储模式，Hive 数据存储中介绍了表、分区、桶的概念；最后给出 Hive 中的文件格式的不同特性和区别。

习 题 2

一、选择题

1. Hive 的元数据存储在 derby 和 MySQL 中的区别是（　　）。
    A．没区别　　　　　　　　　　B．多会话
    C．支持网络环境　　　　　　　D．数据库的区别
2. 下面不属于 Hive 中的元数据信息的是（　　）。
    A．表的名字　　　　　　　　　B．表的列和分区及其属性
    C．表的属性（只存储内部表信息）　D．表的数据所在目录
3. 以下属于 Hive 架构的是（　　）。
    A．Hive 元数据库　　　　　　　B．MySQL
    C．HiveQL　　　　　　　　　　D．Hadoop
4. 以下不属于文件格式的是（　　）。
    A．TextFile 格式　　　　　　　B．SequenceFile 格式
    C．RCFile 格式　　　　　　　　D．ORO 格式
5. 以下说法错误的是（　　）。
    A．ORC 文件：保存在文件系统上的普通十六进制文件，一个 ORC 文件中可以包含多个 Stripe，每一个 Stripe 包含多条记录，这些记录按照列进行独立存储
    B．文件级元数据：包括文件的描述信息 Postscript、文件 Meta 信息（包括整个文件的统计信息）、所有 Stripe 的信息和文件 Schema 信息
    C．Stripe：一组行形成一个 Stripe，每次读取文件是以行组为单位的，一般为 HDFS 的块大小，保存了每一列的索引和数据
    D．Stripe 元数据：保存 Stripe 的位置、每一个列在该 Stripe 内的统计信息以及所有的 Stream 类型和位置

二、填空题

1. Hive 是为了简化用户编写 _____ 程序而生成的一种框架。
2. 在 Hive 架构中主要包括 _____、Hive 元数据库等。
3. Hive CLI 提供了执行 _____、设置参数等功能。
4. HWI 是 _____ 命令行接口的一个 Web 替换方案。

5．Hive 的数据分为 _____ 和 _____，表数据是 Hive 中表格（Table）具有的数据。

6．Hive 中主要包含的数据模型有表（Table）、_____、分区（Partition）和桶（Bucket）。

7．ORC 文件是以 _____ 方式存储的，所以是不可以直接读取的。

三、简答题

1．Hive 提供了哪三种种客户端用户访问接口？

2．简述 Hive 元数据的三种存储模式。

3．介绍 Hive 的几种常见的数据导入方式。

4．Hive 文件格式有哪些？

第 3 章　HiveQL 表操作

HiveQL 是一种类似 SQL 的语言，它的语法与大部分的 SQL 语法兼容，但是并不完全支持 SQL 标准。如 HiveQL 不支持更新操作，也不支持索引和事务，它的子查询和 join 操作也很受限。这是由其底层依赖于 Hadoop 云平台这一特性决定的，但其有些特点是 SQL 所无法企及的。例如多表查询、支持 create table as select 和集成 MapReduce 脚本等，本章主要介绍常用的 HiveQL 表操作。

3.1　内　部　表

内部表的使用

Hive 的内部表与数据库中的表在概念上是类似的，每一个内部表在 Hive 中都有一个相应的目录存储数据，所有的表数据（不包括外部表）都保存在这个目录中。删除表时，元数据与数据都会被删除。例如，一个表 hive，它在 HDFS 中的路径为 /hive/warehouse/hive，其中目录 /hive/warehouse/ 是在配置文件 hive-site.xml 中由 ${hive.metastore.warehouse.dir} 指定的数据仓库的目录。

1. 创建内部表，保存在默认的位置

在创建命令中，如果不指定 location 参数值，此内部表会被保存在配置文件 hive-site.xml 中的默认位置。本实例中的相关配置如图 3-1 所示。

```
<property>
    <name>hive.metastore.warehouse.dir</name>      表hive的默认保存位置
    <value>/user/hive/warehouse</value>
    <description>location of default database for the warehouse</description>
</property>
```

图 3-1　表 hive 默认保存位置

创建内部表 test1，指定表的字段名称、字段类型以及表存储的文件格式等，如图 3-2 所示。

```
hive> create table test1
    > (id int,name string,age int,tel string)
    > ROW FORMAT DELIMITED
    > FIELDS TERMINATED BY ','
    > STORED AS TEXTFILE;
OK
Time taken: 1.225 seconds
```

图 3-2　创建内部表 test1

查看内部表 test1 是否创建成功，如图 3-3 所示。

由于创建的内部表 test1 是保存在默认的位置上，所以在 HDFS 的 /user/hive/warehouse/ 目录中有一个以 test1 命名的目录，目录中存储的是表 test1 中的数据，如图 3-4 所示。

```
hive> show tables;
OK
test1
Time taken: 0.014 seconds, Fetched: 1 row(s)
```

图 3-3　查询创建的内部表 test1

```
root@master:~# hadoop fs -ls /user/hive/warehouse/
Found 3 items
drwxr-xr-x   - root supergroup          0 2017-06-09 10:49 /user/hive/warehouse/sogou.db
drwxr-xr-x   - root supergroup          0 2018-01-29 10:48 /user/hive/warehouse/test.db
drwxr-xr-x   - root supergroup          0 2018-02-01 09:49 /user/hive/warehouse/test1
```

表 test1 中数据
存放的位置

图 3-4　内部表 test1 数据存放的位置

导入数据到内部表 test1 中。准备好一个 .txt 文件（hive_data.txt），文件内容如下：

1,zhangsan,25,131888888888

2,lisi,20,13222222222

3,wangwu,24,183938384983

接下来导入数据，如图 3-5 所示。

```
hive> load data local.inpath '/root/hive_data.txt' into table test1;
Loading data to table default.test1
Table default.test1 stats: [numFiles=1, totalSize=75]
OK
Time taken: 0.578 seconds
```

图 3-5　导入数据到内部表 test1 中

执行 select 语句查询表 test1 中的数据，如图 3-6 所示。

```
hive> select * from test1;
OK
1        zhangsan        25        131888888888
2        lisi        20        13222222222
3        wangwu        24        183938384983
NULL        NULL        NULL        NULL
Time taken: 0.33 seconds, Fetched: 4 row(s)
```

图 3-6　查询表 test1 中导入的数据

在 HDFS 中的 /user/hive/warehouse/test1/ 路径下可以看到从本地文件系统中导入数据时复制过去的源文件 hiva_data.txt，如图 3-7 所示。

```
root@master:~# hadoop fs -cat /user/hive/warehouse/test1/hive_data.txt
1,zhangsan,25,131888888888
2,lisi,20,13222222222
3,wangwu,24,183938384983
```

图 3-7　HDFS 中查看导入的数据文件

2. 创建内部表，保存在指定的位置

在创建命令中，如果指定 location 参数值，此内部表会被保存在 location 参数指定的路径下。创建内部表 test2 并指定数据保存的位置，如图 3-8 所示。

查看内部表 test2 是否创建成功，如图 3-9 所示。

由于创建的内部表 test2 是保存在指定的位置上，所以在 HDFS 的 /mytable 目录中有一个以 test2 命名的目录，目录中存储的是表 test2 中的数据，如图 3-10 所示。

```
hive> create table test2
    > (id int,name string,age int,tel string)
    > ROW FORMAT DELIMITED
    > FIELDS TERMINATED BY ','
    > STORED AS TEXTFILE
    > location '/mytable/test2';
OK
Time taken: 0.117 seconds
```

图 3-8　创建内部表 test2（指定数据保存位置）

```
hive> show tables;
OK
test1
test2
Time taken: 0.014 seconds, Fetched: 2 row(s)
```

图 3-9　查询创建的内部表 test2

```
root@master:~# hadoop fs -ls /mytable/
Found 1 items
drwxr-xr-x   - root supergroup          0 2018-02-01 11:07 /mytable/test2
```

图 3-10　内部表 test2 数据存放的位置

导入数据到内部表 test2 中。准备好一个 .txt 文件（hive_data.txt），文件内容如下：

```
1,zhangsan,25,131888888888
2,lisi,20,13222222222
3,wangwu,24,183938384983
```

接下来导入数据，如图 3-11 所示。

```
hive> load data local inpath '/root/hive_data.txt' into table test2;
Loading data to table default.test2
Table default.test2 stats: [numFiles=0, numRows=0, totalSize=0, rawDataSize=0]
OK
Time taken: 0.423 seconds
```

图 3-11　导入数据到内部表 test2 中

执行 select 语句查询表 test2 中的数据，如图 3-12 所示。

```
hive> select * from test2;
OK
1       zhangsan        25      131888888888
2       lisi    20      13222222222
3       wangwu  24      183938384983
Time taken: 0.143 seconds, Fetched: 3 row(s)
```

图 3-12　查询表 test2 中导入的数据

在 HDFS 中的 /mytable/test2/ 路径下可以看到从本地文件系统中导入数据时复制过去的源文件 hiva_data.txt，命令如图 3-13 所示。

```
root@master:~# hadoop fs -cat /mytable/test2/hive_data.txt
1,zhangsan,25,131888888888
2,lisi,20,13222222222
3,wangwu,24,183938384983
```

图 3-13　HDFS 中查看导入的数据文件

3. 创建内部表并插入数据

可以在创建内部表 test3 的同时将数据从其他表（test2）中导入，如图 3-14 所示。

```
hive> create table test3
    > as
    > select * from test2;
Query ID = root_20180202091343_c33814ff-dac9-40c4-9f4d-95ac8415701a
Total jobs = 3
Launching Job 1 out of 3
Number of reduce tasks is set to 0 since there's no reduce operator
Starting Job = job_1516936354628_0003, Tracking URL = http://master:8088/proxy/application_1516936354628_0003/
Kill Command = /root/hadoop-2.2.0/bin/hadoop job  -kill job_1516936354628_0003
Hadoop job information for Stage-1: number of mappers: 1; number of reducers: 0
2018-02-02 09:13:58,449 Stage-1 map = 0%,  reduce = 0%
2018-02-02 09:14:04,644 Stage-1 map = 100%,  reduce = 0%, Cumulative CPU 0.78 sec
MapReduce Total cumulative CPU time: 780 msec
Ended Job = job_1516936354628_0003
Stage-4 is selected by condition resolver.
Stage-3 is filtered out by condition resolver.
Stage-5 is filtered out by condition resolver.
Moving data to: hdfs://master:9000/user/hive/warehouse/.hive-staging_hive_2018-02-02_09-13-43_069_6398890382941981193-1/-ext-10001
Moving data to: hdfs://master:9000/user/hive/warehouse/test3
Table default.test3 stats: [numFiles=1, numRows=6, totalSize=148, rawDataSize=142]
MapReduce Jobs Launched:
Stage-Stage-1: Map: 1   Cumulative CPU: 0.78 sec   HDFS Read: 3123 HDFS Write: 218 SUCCESS
Total MapReduce CPU Time Spent: 780 msec
OK
Time taken: 23.018 seconds
```

图 3-14　创建表 test3 时直接导入数据

查看内部表 test3 是否创建成功，如图 3-15 所示。

```
hive> show tables;
OK
test1
test2
test3
Time taken: 0.013 seconds, Fetched: 3 row(s)
```

图 3-15　查询创建的内部表 test3

执行 select 语句查询内部表 test3 中的数据，数据是在建表时从表 test2 中导入的，如图 3-16 所示。

```
hive> select * from test3;
OK
1       zhangsan        25      131888888888
2       lisi    20      13222222222
3       wangwu  24      183938384983
```

图 3-16　查询 test3 表中导入的数据

4. 删除内部表 test3

执行 drop 命令删除内部表 test3，如图 3-17 所示。

```
hive> drop table test3;
OK
Time taken: 0.25 seconds
```

图 3-17　删除内部表 test3

删除内部表 test3 后，再去 HDFS 的默认路径 /user/hive/warehouse/ 下查看，会发现 test3 目录已经被删除了，说明删除内部表会同时删除内部表中的数据，如图 3-18 所示。

```
root@master:~# hadoop fs -ls /user/hive/warehouse/
Found 3 items
drwxr-xr-x   - root supergroup          0 2017-06-09 10:49 /user/hive/warehouse/sogou.db
drwxr-xr-x   - root supergroup          0 2018-01-29 10:48 /user/hive/warehouse/test.db
drwxr-xr-x   - root supergroup          0 2018-02-01 10:41 /user/hive/warehouse/test1
```

图 3-18　Hive 默认路径下没有表 test3 的数据

3.2　外　部　表

外部表的使用

在创建表的时候可以指定 external 关键字创建外部表。外部表对应的文件存储在参数 location 指定的目录下，向该目录添加新文件的同时，该表也会读取到该文件（当然文件格式必须跟表定义的一致）。在删除内部表的时候，内部表的元数据和数据会被一起删除，但删除外部表的同时并不会删除 location 指定目录下的文件。

1. 创建外部表 external_table1

创建外部表时要加 external 关键字。这里在建表时指定了 location，当然也可以不指定，不指定就默认使用 hive.metastore.warehouse.dir 指定的路径，如图 3-19 所示。

```
hive> create external table external_table1(id int,name string,age int,tel string)
    > ROW FORMAT DELIMITED FIELDS TERMINATED BY ';'
    > STORED AS TEXTFILE
    > location '/user/hive/external';
OK
Time taken: 0.277 seconds
```

图 3-19　创建外部表 external_table1

2. 查询外部表 external_table1 中的数据

执行 select 语句，查询刚刚创建的外部表 external_table1 中是否有数据，如图 3-20 所示。

```
hive> select * from external_table1;
OK
Time taken: 0.138 seconds
```

图 3-20　查询外部表 external_table1 的数据

从图 3-20 可以看到刚刚创建的外部表 external_table1 中并没有数据，这是因为外部表对应的 location 路径下面并没有数据文件存在，如图 3-21 所示。

```
root@master:~# hadoop fs -ls /user/hive/external
root@master:~#
```

图 3-21　外部表 external_table1 的 location 下没有数据文件

准备好数据文件 external_data.txt 并且上传到 location 指定的路径下，如图 3-22 所示。

```
root@master:~# cat external_data.txt
1,fz,25,13188888888888
2,test,20,13222222222
3,dx,24,183938384983
4,test1,22,1111111111
root@master:~# hadoop fs -put external_data.txt /user/hive/external
root@master:~# hadoop fs -cat /user/hive/external/external_data.txt
1,fz,25,13188888888888
2,test,20,13222222222
3,dx,24,183938384983
4,test1,22,1111111111
```

图 3-22　上传数据文件到 location 指定的路径下

此时再执行 select 语句，查询外部表 external_table1 中是否有数据，如图 3-23 所示。

可以看到，此时外部表 external_table1 中存储了数据，并且和 location 路径下的数据文件 external_data.txt 中的数据一致。

```
hive> select * from external_table1;
OK
1       fz      25      13188888888888
2       test    20      13222222222
3       dx      24      183938384983
4       test1   22      1111111111
Time taken: 0.32 seconds, Fetched: 4 row(s)
```

图 3-23　查询外部表 external_table1 中的数据

3. 导入数据到外部表 external_table1 中

上面已经通过移动数据文件到 location 指定的路径下使外部表 external_table 中存储了数据，下面通过 load 命令将数据导入到外部表中，如图 3-24 所示。

```
hive> load data local inpath '/root/hive_data.txt' into table external_table1;
Loading data to table default.external_table1
Table default.external_table1 stats: [numFiles=0, totalSize=0]
OK
Time taken: 7.602 seconds
```

图 3-24　导入数据到外部表 external_table1 中

再次查询外部表 external_table1 中的数据，发现表中导入了新的数据，如图 3-25 所示。

```
hive> select * from external_table1;
OK
1       fz         25      13188888888888
2       test       20      13222222222
3       dx         24      183938384983
4       test1      22      1111111111
1       zhangsan           25      131888888888
2       lisi       20      13222222222
3       wangwu     24      183938384983
Time taken: 0.325 seconds, Fetched: 7 row(s)
```

图 3-25　再次查询外部表 external_table1 中的数据

再次查看 location 指定的目录，发现 load 命令在导入数据的同时把数据文件也复制到 location 指定的路径下，如图 3-26 所示。

```
root@master:~# hadoop fs -ls /user/hive/external/
Found 2 items
-rw-r--r--   2 root supergroup         88 2018-02-02 10:34 /user/hive/external/external_data.txt
-rwxr-xr-x   2 root supergroup         74 2018-02-02 10:56 /user/hive/external/hive_data.txt
```

图 3-26　查询 location 路径下的数据文件

可以看到，向外部表中导入数据的时候，本地文件系统中的数据文件也被复制到 HDFS 中。

4. 删除外部表 external_table1

执行 drop 命令删除外部表 external_table1，如图 3-27 所示。

```
hive> drop table external_table1;
OK
Time taken: 0.281 seconds
```

图 3-27　删除外部表 external_table1

查看 location 指定的路径下是否存在之前的数据文件，如图 3-28 所示。

```
root@master:~# hadoop fs -ls /user/hive/external/
Found 2 items
-rw-r--r--   2 root supergroup         88 2018-02-02 10:34 /user/hive/external/external_data.txt
-rwxr-xr-x   2 root supergroup         74 2018-02-02 10:56 /user/hive/external/hive_data.txt
```

图 3-28　查看 location 路径下的数据文件

可以看到，HDFS 中 location 路径下的数据文件在外部表被删除的情况下还是存在的。也就是说删除外部表只能删除表数据，并不能删除数据文件；而删除内部表时，表数据及 HDFS 中的数据文件都会被删除。

3.3　分　区　表

分区表的使用

庞大的数据集可能需要耗费大量的时间去处理。在许多场景下，可以通过分区或切片的方法减少每一次扫描的总数据量，这种做法可以显著地改善性能。数据会依照单个或多个列进行分区，通常按照时间、地域或者是商业维度进行分区。比如电影表，分区的依据可以是电影的种类和评级，另外，按照拍摄时间划分可能会得到更一致的结果。为了达到性能表现的一致性，对不同列的划分应该让数据尽可能均匀分布。最好的情况下，分区的划分条件总是能够对应 where 语句的部分查询条件。

为了对表进行合理的管理以及提高查询效率，Hive 可以将表组织成"分区"。分区是表的部分列的集合，可以为频繁使用的数据建立分区，这样查找分区中的数据时就不需要扫描全表，这对于提高查找效率很有帮助。分区表是一种根据"分区列"（Partition Column）的值对表进行粗略划分的机制。Hive 中的每个分区表对应数据库中相应分区列的一个索引，每个分区表对应着表下的一个目录。分区表在 HDFS 上的表现形式与表在 HDFS 上的表现形式相同，都是以子目录的形式存在。但是由于 HDFS 并不支持大量的子目录，这也给分区的使用带来了限制。我们有必要对表中的分区数量进行预估，从而避免因为分区数量过大带来一系列问题。Hive 查询通常使用分区的列作为查询条件。这样的做法可以指定 MapReduce 任务在 HDFS 中指定的子目录下完成扫描的工作。HDFS 的文件目录结构可以像索引一样被高效利用。

1. 分区表的创建

一个表可以在多个维度上进行分区，并且分区可以嵌套使用。建分区需要在创建表时通过 partitioned by 子句指定。例如，创建一个分区表，根据列 dt 和列 country 来进行分区，如图 3-29 所示。

```
hive> create table logs(ts bigint,line string)
    > partitioned by(dt string,country string)
    > row format delimited fields terminated by ','
    > lines terminated by '\n';
OK
Time taken: 0.109 seconds
```

图 3-29　创建分区表 logs

图 3-29 中创建了一个分区表 logs，并且根据列 dt 和列 country 来进行分区。

2. 加载数据到分区表 logs 中

将数据加载进分区表中的语法：

load data [LOCAL] inpath 'filepath' [OVERWRITE] into table tablename [PARTITION 3(partcol1=val1, partcol2=val2 ...)];

当数据被加载至表中时不会对数据进行任何转换，load 操作只是将数据复制至 Hive 表对应的位置。数据加载时在表下自动创建一个目录。例如，在 dt='2018-02-07', country='China' 的分区下加载数据文件 file1.txt，如图 3-30 所示。

```
hive> load data local inpath '/root/file1.txt' into table logs
    > partition (dt='2018-02-07',country='China');
Loading data to table test.logs partition (dt=2018-02-07, country=China)
Partition test.logs{dt=2018-02-07, country=China} stats: [numFiles=1, numRows=0, totalSize=36, rawDataSi
ze=0]
OK
Time taken: 0.587 seconds
```

图 3-30　加载数据到分区表 logs 中

命令执行后，Hive 会在 HDFS 中的 Hive 表默认目录下创建一个 logs 子目录，在 logs 目录下创建路径 dt=2018-02-07/country=China，将数据文件复制到此路径下，如图 3-31 所示。

```
root@master:~# hadoop fs -ls /user/hive/warehouse/test.db/logs/dt=2018-02-07/country=China/
Found 1 items
-rwxr-xr-x   2 root supergroup         36 2018-02-07 16:11 /user/hive/warehouse/test.db/logs/dt=2018-02-07/country=China/file1.txt
```

图 3-31　加载数据时将数据复制到对应路径下

3. 查询分区表的数据

分区的目的是为了对表进行合理的管理以及提高查询效率，因此在对分区表进行查询时通常根据分区列来限定数据查询的范围。例如查询 dt='2018-02-07', country='China' 分区下的数据，如图 3-32 所示。

```
hive> select * from logs where dt='2018-02-07' and country='China';
OK
1       hello world     2018-02-07      China
2       hive hello      2018-02-07      China
3       ni hao  2018-02-07      China
Time taken: 0.373 seconds, Fetched: 3 row(s)
```

图 3-32　根据分区查询数据

4. 查询分区表对应的分区

分区表的分区结构其实就是 HDFS 中的分区目录结构。Hive 提供了相应的命令支持查询，如图 3-33 所示。

```
hive> show partitions logs;
OK
dt=2018-02-07/country=China
dt=2018-02-07/country=US
Time taken: 0.06 seconds, Fetched: 2 row(s)
```

图 3-33　查询分区表的分区结构

5. 为分区表添加分区

当分区表创建成功后，如果需要添加分区，Hive 也提供了相应的命令来支持分区结构的变化，如图 3-34 所示。

```
hive> alter table logs add partition(dt='2018-02-08',country='Japan');
OK
Time taken: 0.418 seconds
```

图 3-34　为分区表添加分区

添加分区后执行 show partitions logs 查询分区表 logs 的分区结构，可发现多了一个分区，如图 3-35 所示。

```
hive> show partitions logs;
OK
dt=2018-02-07/country=China
dt=2018-02-07/country=US
dt=2018-02-08/country=Japan
Time taken: 0.058 seconds, Fetched: 3 row(s)
```

图 3-35　查询分区表分区结构

6. 分区表删除分区

删除分区语法：

```
alter table table_name drop partition_spec, partition_spec,...;
```

用户可以用 alter table drop partition 来删除分区，分区的元数据和数据将被一并删除。例如命令 alter table logs drop partition(dt='2018-02-08', country='Japan'); 执行后，HDFS 中对应的分区目录会被删除，包括目录下的数据文件。

3.3.1　静态分区

这里先给出一个实例，首先编辑两个数据文件，分别是 /root/test3.txt 和 /root/test4.txt，它们的内容如下：

```
$ cat /root/test3.txt
1,zxm
2,ljz
3,cds
4,mac
5,android
6,symbian
7,wp
$ cat /root/test4.txt
8,zxm
9,ljz
10,cds
11,mac
12,android
13,symbian
14,wp
```

建表语句如下：

```
hive> create table student_tmp(id int, name string)
>partitioned by(academy string, class string)
> row format delimited fields terminated by ',';
```

语句输出如下：

```
OK
Time taken: 6.505 seconds
```

其中，列 id 和列 name 是真实列，分区列 academy 和列 class 是伪列。load 数据如下所示：

```
hive> load data local inpath '/root/data/test3.txt' into table student_tmp
>partition(academy='computer', class='034');
Copying data from file:/root/test3.txt
```

```
Copying file: file:/root/test3.txt
Loading data to table default.student_tmp partition(academy=computer, class=034)
```

语句输出如下：

```
OK
Time taken: 0.898 seconds hive>load data local inpath '/root/test3.txt' into table student_tmp
>partition(academy='physics', class='034');
Copying data from file:/home/work/data/test3.txt
Copying file: file:/home/work/data/test3.txt
Loading data to table default.student_tmp partition(academy=physics, class=034)
```

语句输出如下：

```
OK
Time taken: 0.256 seconds
```

查看 Hive 文件结构：

```
$ hadoop fs -ls  /user/hive/warehouse/student_tmp/
Found 2 items
drwxr-xr-x   - work supergroup 0 2018-02-12 18:47 /user/hive/warehouse/student_tmp/
academy=computer
drwxr-xr-x   - work supergroup  0 2018-02-12 19:00 /user/hive/warehouse/student_tmp/
academy=physics
$ hadoop fs -ls   /user/hive/warehouse/student_tmp/academy=computer Found 1 items
drwxr-xr-x   - work supergroup 0 2018-02-12 18:47 /user/hive/warehouse/student_tmp/
academy=computer/class=034
```

查询数据：

```
hive> select * from student_tmp where academy='physics';
```

语句输出如下：

```
OK
1    zxm        physics 034
2    ljz        physics 034
3    cds        physics 034
4    mac        physics 034
5    android    physics 034
6    symbian    physics 034
7    wp         physics 034
Time taken: 0.139 seconds
```

以上是静态分区的示例。静态分区即由用户指定数据所在的分区，在 load 数据时指定 partition(academy='computer', class='034')。静态分区常适用于使用处理时间作为分区主键的情况。但是我们也常常会遇到需要向分区表中插入大量数据，并且插入前不清楚数据归宿的分区，此时我们需要使用动态分区。

3.3.2　动态分区

使用动态分区需要设置 hive.exec.dynamic.partition 参数值为 true。可以设置部分列为动态分区列，例如 partition(academy='computer', class)；也可以设置所有列为动态分区列，例如 partition(academy, class)。设置所有列为动态分区列时，需要设置 hive.exec.dynamic.partition.mode=nonstrict。

需要注意的是，不允许主分区为动态分区列，而副分区为静态分区列。例如，partition(academy, class='034') 是不允许的。

建表语句如下：

```
hive>create table student(id int, name string)
> partitioned by(academy string, class string)
> row format delimited fields terminated by ',';
```

语句输出如下：

```
OK
Time taken: 0.393 seconds
```

设置参数如下：

```
hive> set hive.exec.dynamic.partition.mode=nonstrict;
hive> set hive.exec.dynamic.partition=true;
```

导入数据：

```
hive> insert overwrite table student partition(academy, class)
> select id,name,academy,class from student_tmp
> where class='034';
Total MapReduce jobs = 2
...
```

语句输出如下：

```
OK
Time taken: 29.616 seconds
```

查询数据：

```
hive> select * from student where academy='physics';
```

语句输出如下：

```
OK
1    zxm      physics 034
2    ljz      physics 034
3    cds      physics 034
4    mac      physics 034
5    android  physics 034
6    symbian          physics 034
7    wp       physics 034
Time taken: 0.165 seconds
```

查看文件：

```
$ hadoop fs -ls /user/hive/warehouse/student/
Found 2 items
drwxr-xr-x  - work supergroup   0 2012-07-30 19:22 /user/hive/warehouse/student/academy=computer
drwxr-xr-x  - work supergroup   0 2012-07-30 19:22 /user/hive/warehouse/student/academy=physics
```

分区的相关参数：

hive.exec.dynamic.partition（默认 false）：设置为 true/false 表示允许 / 不允许使用 dynamic partition。

hive.exec.dynamic.partition.mode（默认 strick）：设置 dynamic partition 的模式（nostrict/ strict 为允许 / 不允许所有 partition 列都为 dynamic partition）。

hive.exec.max.dynamic.partitions.pernode（默认 100）：每一个 MapReduce job 允许创建的分区的最大数量，如果超过了这个数量就会报错。

hive.exec.max.dynamic.partitions（默认 1000）：一个 DML 语句允许创建的所有分区的最大数量。

hive.exec.max.created.files（默认 100000）：所有的 MapReduce job 允许创建的文件的最大数量。

3.4 桶　表

桶表是对数据进行哈希取值然后放到不同文件中存储。数据加载到桶表时会对字段取哈希值，然后与桶的数量取模，把数据放到对应的文件中。物理上，每个桶就是表或分区目录里的一个文件，一个作业产生的桶输出文件和 reduce 任务个数相同。

Hive 可以把表或分区组织成桶。将表或分区组织成桶有以下两个目的：

第一个是为了取样更高效。因为在处理大规模的数据集时，在开发、测试阶段将所有的数据全部处理一遍可能不太现实，这时取样就必不可少。

第二个是为了获得更好的查询处理效率。桶表提供了额外的结构，Hive 在处理某些查询时利用这个结构能有效地提高查询效率。

桶是通过对指定列进行哈希计算来实现的，通过哈希值将一个列名下的数据切分为一组桶，并使每个桶对应于该列名下的一个存储文件。

在建立桶表之前需要设置 hive.enforce.bucketing 属性为 true，使得 Hive 能识别桶。

以下为创建带有桶的表的语句：

```
create table bucketed_user(
id int,
name string
)
clustered by (id) into 4 buckets;
```

这里按照用户 id 分成了 4 个桶，在向桶中插入数据时对应 4 个 reduce 操作，输出 4 个文件。

分区中的数据可以被进一步拆分成桶。不同于分区对列直接进行拆分，桶往往使用列的哈希值进行数据采样。

在分区数量过于庞大而可能导致文件系统崩溃时，建议使用桶。桶的数量是固定的。Hive 使用基于列的哈希函数将数据打散，并将其分发到各个不同的桶中从而完成数据的分桶过程。

注意：Hive 使用对分桶所用的值进行哈希，并用哈希结果除以桶的个数做取余运算的方式来分桶，保证了每个桶中都有数据，但每个桶中的数据条数不一定相等。

哈希函数的选择依赖于桶操作所针对的列的数据类型。除了数据采样，桶操作也可以用来实现高效的 map 端连接操作。分桶比分区具有更高的查询效率。

下面给出几个桶操作的例子。

（1）创建临时表 student_tmp 并导入数据：

```
hive> desc student_tmp;
hive> select * from student_tmp;
```

（2）创建 student 表，经过分区操作后的表已经被拆分成 2 个桶：

```
create table student(
id int,
age int,
name string
```

```
)
partitioned by (stat_date string)
clustered by (id) sorted by (age) into 2 bucket
row format delimited fields terminated by ',';
```

分区中的数据可以被进一步拆分成桶。所有桶先 partitioned by (stat_date string)，然后再 clustered by (id) sorted by (age) into 2 bucket。

（3）设置环境变量：

```
hive> set hive.enforce.bucketing=true;
```

（4）插入数据：

```
hive> insert overwrite table student partition(stat_date='2015-01-19')
select id,age,name where stat_date='2015-01-18' sort by age from student_tmp;
```

（5）查看文件目录：

```
$ hadoop fs -ls /usr/hive/warehouse/student/stat_date=2015-01-19/
```

可以在分区目录下看到有个数据文件对应两个桶表。

（6）查看抽样数据：

```
select * from student tablesample(bucket x out of y on id);
```

其中 tablesample 是抽样语句，语法解析如下：

tablesample(bucket x out of y on 字段)，y 必须是 table（表）总 bucket（桶）数的倍数或者因子。

Hive 根据 y 的大小决定抽样的比例。例如，table 总共分了 64 份桶表，当 y=32 时，抽取 2 个桶（64/32）的数据；当 y=128 时，抽取 1/2 个桶（64/128）的数据。

Hive 根据 x 决定从哪个桶开始抽取。例如，table 总桶数为 32，tablesample (bucket 3 out of 16) 表示总共抽取 2 个桶（32/16）的数据，分别为第三个桶和第 19 个桶（3+16）的数据。如果 y=64，则抽取半个第三个桶的数据值。

在下面的例子中，经过分区操作后的表已经被拆分成 100 个桶，具体操作如下所示。

（1）创建桶表 video_b：

```
create external table videos_b(
prodicer string,
title string,
category string
)
partitioned by (year int)
clustered by (title) into 100 buckets;
```

（2）设置环境变量：

```
set hive.enforce.bucketing=true;
```

（3）插入数据：

```
insert overwrite table videos_b
partition(year=1999)
select producer,title,string where year=2009 from videos_b;
```

注意：如果不使用 set hive.enforce.bucketing=true 这项属性设置，我们需要显式地声明 set mapred.reduce.tasks=100 来设置 Reducer 的数量。此外，还需要在 select 语句后面加上 cluster by 来实现 insert 查询。下面是不使用桶设置的例子。

```
set mapred.reduce.tasks=100;
insert overwrite table videos_b
```

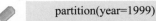

```
partition(year=1999)
select producer,title,string WHERE year=2009 CLUSTER BY title FROM videos_b;
```

3.5　视　　图

对于 HiveQL 中视图的理解可以先从 MySQL 中的视图概念理解入手。MySQL 中的视图是由从数据库的基本表中选取出来的数据组成的逻辑窗口，与基本表不同，它是一个虚表。在数据库中存放的只是视图的定义，而不存放视图包含的数据项，这些项目仍然存放在原来的基本表结构中。视图可以被定义为多个表的连接；也可以被定义为只有部分列可见；还可以被定义为部分行可见。

MySQL 视图的作用有：首先，可以简化数据查询语句；其次，可以使用户从多角度看待同一数据；再次，通过引入视图可以提高数据的安全性；最后，视图提供了一定程度的逻辑独立性。

MySQL 引入视图机制带来的好处：通过引入视图机制，用户可以将注意力集中在自己关心的数据上（而非全部数据），这样就大大提高了工作效率与工作满意度。而且如果需要查询的数据来源于多个基本表结构，或者还有一部分数据来源于其他视图，并且搜索条件又比较复杂时，需要编写的查询语句就会比较烦琐，此时定义视图就可以使数据的查询语句变得简单。

定义视图可以将表与表之间的复杂的操作连接和搜索条件对用户不可见，用户只需要简单地对一个视图进行查询即可，故增加了数据的安全性，但不能提高查询效率。

和关系型数据库一样，Hive 中也提供了视图的功能。Hive 视图是一种无关底层存储的逻辑对象。视图中的数据是 select 查询返回的结果，视图选定后才会开始执行 select 查询。

和关系型数据库中的视图相比，Hive 中的视图有如下特性：

（1）只有逻辑视图，没有物化视图。

（2）视图只能查询数据，不能 Load/Insert/Update/Delete 数据。

（3）视图在创建的时候只是保存了一份元数据，当查询视图的时候，才开始执行视图对应的子查询。

创建视图的 HiveQL 语句格式如下所示：

```
create view [IF NOT EXISTS] view_name [(column_name [COMMENT column_comment], ...) ]
[COMMENT view_comment]
[TBLPROPERTIES (property_name = property_value, ...)]
as select ...
```

举个例子，假设 employee 表拥有如下字段：Id、Name、Salary、Designation 和 Dept。利用视图生成一个查询，检索工资超过 30000 的员工详细信息，把结果存储在一个名为 emp_30000 的视图中。具体实现如下：

```
hive> create view emp_30000 AS
   > select * from employee
   > where salary>30000;
```

删除视图的 HiveQL 语句格式如下所示：

```
drop view [IF EXISTS] view_name
```

修改视图的 HiveQL 语句格式如下所示：

```
alter view view_name set tblproperties table_properties
```

其中 table_properties 表示：

```
(property_name1= property_value1, property_name2= property_value2, ...)
```

可以通过 alter view 语句修改视图的相关属性。例如修改视图 emp_30000 的创建时间，具体命令如下所示：

```
alter view emp_30000SET tblproperties ('created_at' = '2018-2-10');
```

查看视图的 HiveQL 语句格式如下所示：

```
select * from view_name (where condition)
```

3.5.1 使用视图降低查询复杂度

当查询变得长或复杂的时候，通过使用视图将这个查询语句分割成多个小的、更可控的片段可以降低这种复杂度。这一点和在编程语言中使用函数或者软件设计中的分层设计的概念是一致的。封装复杂的部分可以使最终用户通过使用重复的部分来构建复杂的查询。例如，下述语句是一个具有嵌套子查询的查询。

```
from (
    select * from people join cart
    on (cart.people_ id=people.id) where firstname='john'
) a select a.lastname where a.id=3
```

Hive 查询语句中含有多层嵌套是非常常见的。在下面这个例子中，嵌套子查询变成了一个视图。

```
create view shorter_join as
select * from people join cart
on (cart.people_ id=people.id) where firstname='john';
```

现在就可以像操作表一样来操作这个视图了。本次的查询语句中我们增加了一个 where 子句，这样就大大简化了之前的那个查询语句，如下所示：

```
select lastname from shorter_ join where id=3
```

3.5.2 使用视图来限制基于条件过滤的数据

对于视图来说一个常见的使用场景就是基于一个或多个列的值来限制输出结果。有些数据库允许将视图作为一个安全机制，也就是不给用户直接访问具有敏感数据的原始表，而是提供给用户一个通过 where 子句限制了的视图以供访问。Hive 目前并不支持这个功能。因为用户必须具有能够访问整个底层原始表的权限时视图才能工作。但可通过创建视图来限制数据访问来保护信息不被随意查询，见下述语句示例。

```
hive> create table userinfo (
    >firstname string, lastname string, ssn string, password string);
hive> create view safer_user_info as
    > select firstname, lastname from userinfo;
```

下述语句是通过 where 子句限制数据访问的视图的另一个例子。在这种情况下，我们希望提供一个只暴露来自特定部门的员工信息的员工表视图。

```
hive> create table employee (firstname string, lastname string
    > ssn string, password string, department string);
```

```
hive>create view techops_employee as
  > select firstname, lastname, ssn from employee where department='techops';
```

3.5.3　动态分区中的视图和 map 类型

Hive 支持 array、map 和 struct 数据类型。这些数据类型在传统数据库中并不常见，因为它们破坏了第一范式。Hive 可将一行文本作为一个 map 而非一组固定的列，加上视图功能，Hive 就允许用户可以基于同一个物理表构建多个逻辑表。

下面这个示例文件是将整行作为一个 map 处理，而不是一列固定的列。这里没有使用 Hive 的默认分隔符。这个文件使用 ^A（Ctrl+A）作为集合内元素间的分隔符（例如，本例中 map 的多个键值对之间的分隔符）；然后使用 ^B（Ctrl+B）作为 map 中的键和值之间的分隔符。因为这条记录较长，为了更清晰地表达，人为地增加了空行：

```
time^B1298598398404^Atype^Brequest^Astate^Bny^Acity^Bwhite plains^Apart^Bmuffler
time^B1298598398432^Atype^Bresponse^Astate^Bny^Acity^Btarry town^Apart ^Bmuffler
time^B1298598399904^Atype^Brequest^Astate^Btx^Acity^Baustin^Apart^Bheadlight
```

下面我们来创建表：

```
create external table dynamictable(cols map<string,string>)
row format delimited
    fields terminated by '\004'
    collection items terminated by '\001'
    map keys terminated by '\002'
stored as textfile;
```

上面的例子中，因为每行只有一个字段，因此 fields terminated by 语句所指定的分隔符实际上没有任何影响。现在可以创建这样一个视图，其仅取出原始表中 type 值等于 request 的 city、state 和 part 三个字段的数据，并将视图命名为 orders。视图 orders 具有三个字段：state、city 和 part。

```
create view orders (state, city, part) as
select cols["state"], cols["city"], cols["part"]
from dynamictable
where cols["type"]="request";
```

本 章 小 结

本章介绍 HiveQL 的相关表操作，主要有内部表的创建和删除、数据的导入；外部表的创建、删除和数据的导入；分区表的创建、删除和数据的导入；桶表的相关操作；视图在常见使用场景中的应用等。

习　题　3

一、选择题

1．下面关于 HiveQL 的内部表和外部表使用语句正确的是（　　）。

　　A．在 /tmp/path 创建外部表：create external table ... location '/tmp/path';

B．在 /tmp/path 创建外部表：create table ... ；

C．创建内部表：create external table ... location '/tmp/path';

D．创建内部表：create external table ... ；

2．Hive 执行外部的脚本参数是（　　）。

　　A．hive -e　　　　　B．hive -f　　　　　C．hive -sql　　　　　D．hive -s

3．下面关于在 Hive 中查看表 table1 的分区的语句正确的是（　　）。

　　A．show partitions table1;　　　　　B．desc table1;

　　C．show create table table1;　　　　　D．drop table1;

4．下面关于 Hive 内部表和外部表描述错误的是（　　）。

　　A．Hive 内部表的元数据和数据都由 Hive 自己管理

　　B．Hive 会管理外部表的元数据

　　C．当 Hive 内部表的元数据发生变化时，内部表的修改不会同步给元数据

　　D．对外部表的表结构和分区进行修改，需要修复

5．关于 Hive 中的桶说法不正确的是（　　）。

　　A．每个桶是一个目录

　　B．建表时指定桶个数，桶内可排序

　　C．数据按照某个字段的值 Hash 后放入某个桶中

　　D．对于数据抽样、特定 join 的优化很有意义

6．以下关于 Hive SQL 基本操作描述正确的是（　　）。

　　A．创建外部表必须要指定 Location 信息

　　B．创建外部表使用 external 关键字，创建普通表需要指定 internal 关键字

　　C．创建表时可以指定列分割符

　　D．加载数据到 Hive 时源数据必须是 HDFS 的一个路径

二、填空题

1．查看内部表 test1 是否创建成功：_____。

2．执行 select 语句查询 test1 表中的数据：_____。

3．删除内部表 test3：_____。

4．在创建表的时候可以指定 _____ 关键字创建外部表。

5．分区表是一种根据 _____ 的值对表进行粗略划分的机制。

三、简答题

1．创建内部表 test1，指定表的字段名称、字段类型以及表存储的文件格式等。

2．和关系型数据库中的视图相比，Hive 中的视图有哪些特性？

3．设 employee 表拥有如下字段：Id、Name、Salary、Designation 和 Dept。利用视图生成一个查询，检索工资超过 30000 的员工详细信息，把结果存储在一个名为 emp_30000 的视图里。

第 4 章　HiveQL 数据操作

HiveQL 语句除了能够对 Hive 中的相关表，如内部表、外部表、分区表、桶表等进行相关的操作之外，还能够对这些表中的数据进行操作，如数据的插入、查询、导出等。本章将对数据操作给出详细的介绍。

4.1　装载数据到表中

装载数据到表中

既然 Hive 没有行级别的数据插入、数据更新和删除操作，那么往表中装载数据的唯一途径就是使用一种"大量"的数据装载操作，或者通过其他方式仅仅将文件写入到正确的目录下。

在 3.3 节中我们已经介绍了如何使用相关命令装载数据到表中，如图 4-1 所示。

```
hive> load data local inpath '/root/file1.txt' into table logs
    > partition (dt='2018-02-07',country='China');
Loading data to table test.logs partition (dt=2018-02-07, country=China)
Partition test.logs{dt=2018-02-07, country=China} stats: [numFiles=1, numRows=0, totalSize=36, rawDataSi
ze=0]
OK
Time taken: 0.587 seconds
```

图 4-1　装载数据到表中

上面的 load 命令可以将数据文件装载到 Hive 表对应的分区目录中。如果 Hive 表的分区目录不存在的话，这个命令会先创建分区目录，然后再将数据复制到该目录下。

如果目标表是非分区表，那么语句中应该省略 partition 子句。通常情况下指定的路径应该是一个目录，而不是单个独立的文件。Hive 会将所有文件都复制到这个目录中，这使得用户可更方便地组织数据到多文件中。同时在不修改 Hive 脚本的前提下修改文件命名规则。不管怎样，文件都会被复制到目标表路径下而且文件名会保持不变。

如果使用了 local 关键字，那么这个路径应该为本地文件系统路径，数据将会被复制到目标位置；如果省略 local 关键字，那么这个路径应该是分布式文件系统中的路径，数据是从这个路径被转移到目标位置的。

load data local... 命令复制本地数据到位于分布式文件系统上的目标位置；而 load data... 命令转移分布式文件系统上的数据文件到目标位置。之所以会存在这种差异，是因为用户在分布式文件系统中可能并不需要重复地进行多份数据文件的复制。同时，因为文件是以这种方式移动的，Hive 要求源文件和目标文件以及目录在同一个文件系统中。例如，用户不可以使用 load data 语句将数据从一个集群的 HDFS 中装载（转移）到另一个集群的 HDFS 中。

指定全路径会具有更好的鲁棒性，但也同样支持相对路径。当使用本地模式执行时，相对路径指的是 Hive CLI 启动时用户的工作目录。对于分布式或者伪分布式模

式，这个路径解读为相对于分布式文件系统中用户的根目录，该目录在 HDFS 中默认为
/user/$USER。

如果用户指定了 overwrite 关键字，那么目标文件夹中之前存在的数据将会被删除。
如果没有这个关键字，仅仅会把新增的文件增加到目标文件夹中而不会删除之前的数据。
然而，如果目标文件夹中已经存在与装载的文件同名的文件，那么旧的同名文件将会被覆
盖重写。

对于 inpath 子句中使用的文件路径还有一个限制，那就是这个路径下不可以包含任何
文件夹。

Hive 并不会验证用户装载的数据和表的模式是否匹配，但 Hive 会验证文件格式是否
和表结构定义的一致。例如，如果表在创建时定义的存储格式是 SequenceFile，那么装载
进去的文件也应该是 SequenceFile 格式才行。

4.2　通过查询语句向表中插入数据

通过查询语句向
表中插入数据

insert 语句允许用户通过查询语句向目标表中插入数据。具体实例如下所示：

```
insert overwrite table employees
partition(country='US',state='OR')
select * from employees_tmp et
where et.cnty = 'US' AND et.st = 'OR';
```

其中 employees_tmp 的表里已经有相关数据了。在表 employees_tmp 中我们使用不同
的名字来表示国家和州，分别称作 cnty 和 st，这样做的原因稍后会进行说明。

这里使用了 overwrite 关键字，因此之前分区中的内容（如果是非分区表，就是之前
表中的内容）将会被覆盖。这里如果没有使用 overwrite 关键字或者使用 into 关键字替换
它的话，那么 Hive 将会以追加的方式写入数据而不会覆盖之前已经存在的内容。

这个例子展示了这个功能非常有用的一个常见的场景，即数据已经存在于某个目录下，
对于 Hive 来说其为一个外部表，而现在想将其导入到最终的分区表中。如果用户想将源
表数据导入到一个具有不同记录格式（例如，具有不同的字段分割符）的目标表中的话，
那么使用这种方式也是很好的。

然而如果表 employees_tmp 非常大，而且用户需要对 65 个州都执行这些语句，那
么这也就意味着需要扫描表 employees_tmp 65 次。Hive 提供了另一种 insert 语法，可以
只扫描一次输入数据，然后按多种方式进行划分。如下例显示了如何为 3 个州创建表
employees 分区。

```
from employees_tmp se
insert overwrite table employees
partition(country='US',state='OR')
select * where se.cnty='US' and se.st= 'OR'
insert overwrite table employees
partition(country='US',state='CA')
select * where se.cnty='US' and se.st= 'CA'
insert overwrite table employees
partition(country='US',state='IL')
select * where se.cnty='US' and se.st= 'IL';
```

从表 employees_tmp 中读取的每条记录都会经过一条 select...where... 句子进行判断。

这些句子都是独立进行判断的，这不是 if...then...else... 结构。

事实上，通过使用这个结构，源表中的某些数据可以被写入目标表的多个分区中或者不被写入任一个分区中。

如果某条记录是满足某个 select...where... 语句的，那么这条记录就会被写入到指定的表和分区中。简单明了地说，只要有需要，每个 insert 子句都可以插入到不同的表中，而那些目标表可以是分区表也可以是非分区表。

前面所说的语法中还是有一个问题，即如果需要创建非常多的分区，那么用户就需要写非常多的 HiveQL。幸运的是 Hive 提供了一个动态分区功能，其可以基于查询参数推断出需要创建的分区名称。相比之下，上面所提到的都是静态分区。动态分区的数据插入如下所示：

```
insert overwrite table employees
partition(country,state)
select ..., et.cnty,et.st
from employees_tmp et;
```

Hive 根据 select 语句中最后 2 列来确定分区字段 country 和 state 的值。在表 employees_tmp 中我们使用了不同的命名，就是为了强调源表字段值和输出分区值之间的关系是根据位置而不是根据命名来匹配的。

假设表 employees_tmp 中共有 100 个国家和州，执行完上面这个查询后，表 employees 就将会有 100 个分区。用户也可以混合使用动态和静态分区。下面这个例子中指定了 country 字段的值为静态的 US，而分区字段 state 是动态值。

```
insert overwrite table employees
partition(country = 'US', state)
select ..., et.cnty, et.st
from employees_tmp et
where et.cnty = 'US';
```

静态分区键必须出现在动态分区键之前。动态分区功能默认情况下没有开启。开启后，默认是以"严格"模式执行的，在这种模式下要求至少有一列分区字段是静态的。这有助于阻止因设计错误导致查询产生大量的分区。例如，用户可能错误地使用时间戳作为分区字段，这将导致每秒都对应一个分区，而用户也许是希望按照天或者按照小时进行分区的。还有一些其他相关属性值用于限制资源利用。表 4-1 描述了动态分区的属性。

表 4-1　动态分区属性

属性名称	默认值	描述
hive.exec.dynamic.partition	false	设置成 true，表示开启动态分区功能
hive.exec.dynamic.partition.mode	strict	设置成 nonstrict，表示允许所有分区都是动态的
hive.exec.max.dynamic.partitions.pernode	100	每个 Mapper 或 Reducer 可以创建的最大动态分区个数。如果某个 Mapper 或 Reducer 尝试创建大于这个值的分区的话则会抛出一个致命错误信息
hive.exec.max.dynamic.partitions	1000	一个动态分区创建语句可以创建的最大动态分区个数。如果超过这个值则会抛出一个致命错误信息
hive.exec.max.created.files	100000	全局可以创建的最大文件个数。Hadoop 计数器会跟踪记录创建了多少个文件，如果超过这个值则会抛出一个致命错误信息

作为实例，前面第一个使用动态分区的例子应该在使用前已经设置了一些期望的属性，

如下所示：

```
hive> set hive .exec.dynamic.partition=true;
hive> set hive .exec.dynamic.partition.mode=nonstrict;
hive> set hive.exec.max.dynamic.partitions.pernode=1000;
hive> insert overwrite table employees
    > partition(country, state)
    > select..., et.cnty, et.st
    > from employees_tmp et;
```

4.3　单个查询语句中创建并加载数据

单个查询语句中创建
并加载数据

用户同样可以在一个语句中完成创建表并将查询结果装载到这个表中，具体例子如下
所示：

```
create table employees_new
as select name, salary, address
from employees em
where em.state = 'US';
```

这个表只含有 employees 表中来自 US 的雇员的 name、salary 和 address 三个字段的信
息。新表的模式是根据 select 语句来生成的。使用这个功能的常见情况是从一个大的宽表
中选取部分需要的数据集。

这个功能不能用于外部表，因为使用 alter table 语句可以为外部表 "引用" 到一个分
区。这里本身没有进行数据 "装载"，而是将元数据指定一个指向数据的路径。同样的道理，
不能用 select 语句将其他表中的数据装载到外部表中。

4.4　导出数据

导出数据

如何从表中导出数据？如果数据文件恰好是用户需要的格式，那么只需要简单地复制
文件夹或者文件就可以了，如下所示：

```
hadoop fs -cp source_path targeta_path
```

否则，用户可以使用 insert...directory...，如下所示：

```
insert overwrite local directory '/tmp/employee'
select name, salary, address
from employees em
where em.state = 'US'
```

关键字 overwrite 和 local 与前面的说明是一致的，路径格式也和通常的规则一致。
一个或者多个文件将会被写入到 /tmp/employee 目录下，具体个数取决于调用的 Reducer
个数。

无论数据在源表中实际是怎样存储的，Hive 会将所有的字段序列化成字符串写入到
文件中。Hive 使用和 Hive 内部存储的表相同的编码方式来生成输出文件。

本 章 小 结

本章给出 HiveQL 的数据操作，主要包括装载数据到相关表中；通过查询语句向表中
插入数据；导出数据等。

习 题 4

一、选择题

1. 以下关于装载数据到表中的说法错误的是（　　）。

　　A．load 命令可以将数据文件装载到 Hive 表对应的分区目录中

　　B．如果目标表是非分区表，那么语句中应该省略 partition 子句

　　C．如果使用了 local 关键字，那么这个路径应该为本地文件系统路径，数据将会被复制到目标位置

　　D．如果省略 local 关键字，那么这个路径应该是非分布式文件系统中的路径，数据是从这个路径被转移到目标位置的

2. 下面关于 HiveQL 中 insert into 和 insert overwrite 的区别说法正确的是（　　）。

　　A．insert into 会覆盖已经存在的数据

　　B．insert overwrite 会先现将原始表的数据删除，再插入新数据

　　C．insert overwrite 不考虑原始表的数据，直接追加到表中

　　D．insert into 重复的数据会报错

3. Hive 中以下操作不正确的是（　　）。

　　A．insert overwrite into table name

　　B．load data inpath into table name

　　C．insert overwrite table name

　　D．insert into table name

4. 以下动态分区属性默认值错误的是（　　）。

　　A．hive.exec.dynamic.partition：默认值为 false；设置成 true，表示开启动态分区功能

　　B．hive.exec.dynamic.partition.mode：默认值为 strict；设置成 nonstrict，表示允许所有分区都是动态的

　　C．hive.exec.max.dynamic.partitions.pernode：默认值为 100；每个 Mapper 或 Reducer 可以创建的最大动态分区个数。如果某个 Mapper 或 Reducer 尝试创建大于这个值的分区的话则会抛出一个致命错误信息

　　D．hive.exec.max.dynamic.partitions：默认值为 10000；一个动态分区创建语句可以创建的最大动态分区个数。如果超过这个值则会抛出一个致命错误信息

二、填空题

1. 既然 Hive 没有行级别的数据插入、数据更新和删除操作，那么往表中装载数据的唯一途径就是使用一种"大量"的_____操作，或者通过其他方式仅仅将文件写入到正确的目录下。

2. HiveQL 语句除了能够对 Hive 中的相关表进行相关的操作之外，还能够对这些表中的_____进行操作。

3．如果目标表是 _____，那么语句中应该省略 partition 子句。

4．如果使用了 _____ 关键字，那么这个路径应该为本地文件系统路径，数据将会被复制到目标位置。

5．如果用户指定了 _____ 关键字，那么目标文件夹中之前存在的数据将会被删除。如果没有这个关键字，仅仅会把新增的文件增加到目标文件夹中而不会删除之前的数据。

6．对于 _____ 中使用的文件路径还有一个限制，那就是这个路径下不可以包含任何文件夹。

7．只要有需要，每个 _____ 都可以插入到不同的表中，而那些目标表可以是分区表，也可以是非分区表。

二、简答题

1．根据表 employees，用 insert 语句将表 employees_tmp 中查询的结果插入目标表中。在表 employees_tmp 中我们使用不同的名字来表示国家和州，分别称作 cnty 和 st。

2．根据表 employees，用一个语句创建表 employees_new，并将表 employees 中的查询结果装载到 employees_new 中，employees 表中来自 US 的雇员的三个字段的信息为 name、salary 和 address。

3．如何从表 employees 中导出数据，employees 表中来自 US 的雇员的三个字段的信息为 name、salary 和 address？

第 5 章　HiveQL 查询

HiveQL 查询主要介绍 HiveQL 语句中的数据查询操作，主要包括 select 语句中 where、group by、join、order by、sort by、cluster by 等的具体使用方法，同时介绍 Hive 中数据的类型转换操作和抽样查询。

5.1　select...from 语句

select 是 SQL 中的射影算子，from 子句标识了从哪个表、视图或嵌套查询中选择记录。对于一个给定的记录，select 指定了要保存的列以及输出函数需要调用的一个或多个列（例如像 count(*) 这样的聚合函数）。假设有一个如下的 employees 表：

```
create table employees(
    name string ,
    salary float,
    subordinates array<string>,
    deductions map<string, float>,
    address struct<street:string, city:string, state:string, zip:int>
)
partitioned by (country string, state string);
```

对这个表进行查询的语句及其输出内容如下：

```
hive> select name, salary from employees;
John Doe      100000.0
Mary Smith    80000.0
Todd Jones    70000.0
Bill King     60000.0
```

下面两个查询语句是等价的。第二个语句使用了一个表别名 e，在这个查询中不是很有用，但是如果查询中含有链接操作且可涉及多个不同的表，那就很有用了。

```
hive> select name,salary from employees;
hive> select e.name, e.salary from employees e;
```

当用户选择的列是集合数据类型时，Hive 会将 JSON（Java 脚本对象表示法）语法应用于输出。首先，让我们选择 subordinates 列，该列为一个数组，其值使用一个被括在 [...] 内的以逗号分隔的列表进行表示。注意，集合的字符串元素是加上引号的，而基本数据类型 string 的列值是不加引号的。

```
hive> select name,subordinates from employees:
John Doe ["Mary Smith","Todd Jones"]
Mary Smith ["Bill King"]
Todd Jones []
Bill King []
```

deductions 列是一个 map，其使用 JSON 格式来表达 map。即使用一个被括在 {...} 内的以逗号分隔的键值对列表进行表示，如下所示：

```
hive> select name, deductions from employees:
John Doe {"Federal Taxes":0.2,"State Taxes":0.05,"Insurance":0.1}
Mary Smith {"Federal Taxes":0.2,"State Taxes":0.05,"Insurance":0.1}
Todd Jones {"Federal Taxes":0.15,"State Taxes":0.03,"Insurance":0.1}
Bill King {"Federal Taxes":0.15,"State Taxes":0.03,"Insurance":0.1}
```

最后，address 列是一个 struct，其也是使用 JSON map 格式进行表示的，如下所示：

```
hive> select name, address from employees;
John Doe {"street":"1 Michigan Ave.","city":"Chicago","state":"IL","zip":60600}
Mary Smith {"street":"100 Ontario St.","city":"Chicago","state":"1L","zip":60601}
```

接下来，让我们看看如何引用集合数据类型中的元素。首先数组索引是基于 0 的，这和在 Java 中是一样的。下面是选择 subordinates 数组中的第一个元素的查询：

```
hive> select name, subordinates[0] from employees;
John Doe      Mary Smith
Mary Smith    Bill King
Todd Jones    NULL
Bill King     NULL
```

注意：引用一个不存在的元素将会返回 NULL。同时，提取出的 string 数据类型的值将不再加引号。

为了引用一个 map 元素，用户还可以使用 array[...] 语法。但是使用的是键值而不是整数索引，如下所示：

```
hive> select name, deductions["State Taxes"] from employees;
John Doe      0.05
Mary Smith    0.05
Todd Jones    0.03
Bill King     0.03
```

最后，为了引用 struct 中的一个元素，用户可以使用 "." 符号，类似于前面提到的"表的别名 . 列名"这样的用法，如：

```
hive> select name, address.city from employees;
John Doe      Chicago
Mary Smith    Chicago
Todd Jones    Oak Park
Bill King     Obscuria
```

5.1.1　使用正则表达式来指定列

我们可以使用正则表达式来选择想要的列。下面的查询将会从表 stocks 中选择 symbol 列和所有列名以 price 作为前缀的列：

```
hive> select symbol, 'price.*' from stocks;
AAPL   195.69  197.88   194.0   194.12  194.12
AAPL   192.63  196.0    190.85  195.46  195.46
AAPL   196.73  198.37   191.57  192.05  192.05
AAPL   195.17  200.2    194.42  199.23  199.23
AAPL   195.91  196.32   193.38  195.86  195.86
```

5.1.2　使用列值进行计算

用户不但可以选择表中的列，还可以使用函数调用和算术表达式来操作列值。例如，我们可以查询得到将其字母转换为大写的雇员姓名、雇员对应的薪水、需要缴纳的税收比例以及扣除税收后再进行取整所得的税后薪资（见下述语句）。我们甚至可以通过调用内置函数 map_values 提取出 deductions 字段 map 类型值的所有元素，然后使用内置的 sum 函数对 map 中所有元素进行求和运算。

```
hive> select upper (name),salary, deductions["Federal Taxes"],
   > round(salary*(1-deductions["Federal Taxes"])) from employees;
```

下面介绍算术运算符及其在表达式中的使用。

5.1.3 算术运算符

Hive 中支持所有典型的算术运算符，具体描述见表 5-1。

表 5-1 算术运算符

运算符	类型	描述
A+B	数值	A 和 B 相加
A-B	数值	A 减去 B
A*B	数值	A 和 B 相乘
A/B	数值	A 除以 B。如果能整除则返回商
A%B	数值	A 除以 B 的余数
A&B	数值	A 和 B 按位取与
A|B	数值	A 和 B 按位取或
A^B	数值	A 和 B 按位取异或
~A	数值	A 按位取反

算术运算符接受任意的数值类型。如果参与运算的两个数据的数据类型不同，那么两种类型中值的范围较小的那个数据类型将转换为值范围更大的数据类型（范围更大在某种意义上就是指一个类型占有更多的字节从而可以容纳更大范围的值）。例如，对于 int 类型和 bigint 类型运算，int 类型会转换提升为 bigint 类型；对于 int 类型和 float 类型运算，int 类型将提升为 float 类型。可以注意到查询语句中包含 (1-deductions[...]) 这个运算，因为字段 deductions 是 float 类型的，因此数字 1 会提升为 float 类型。

当进行算术运算时，需要注意数据溢出或数据下溢问题。Hive 遵循的是底层 Java 中数据类型的规则，因此当溢出或下溢发生时计算结果不会自动转换为更广泛的数据类型。乘法和除法最有可能会引发这个问题。

我们需要注意所使用的数值数据的数值范围，并确认实际数据是否接近表模式中定义的数据类型所规定的数值范围的上限或者下限，还需要确认人们可能对这些数据进行什么类型的计算。

如果用户比较担心溢出和下溢，那么可以考虑在表模式中定义使用范围更广的数据类型。不过这样做的缺点是每个数据值会占用更多的内存。

有时使用函数将数据值按比例从一个范围缩放到另一个范围也是很有用的，如按照 10 次方幂进行除法运算或取 log 值等。这种数据缩放也适用于某些机器学习计算中，用以提高算法的准确性和数值稳定性。

5.1.4　函数

在 5.1.2 小节的示例中还使用了一个内置数学函数 round()，这个函数会返回一个 double 类型的近似整数。

1. 数学函数

表 5-2 描述了用于处理单个列的数据的 Hive 内置数学函数。

表 5-2　内置数学函数

返回值类型	样式	描述
bigint	round(double d)	d 是 double 类型的，返回 bigint 类型的近似值
double	round(double d, int n)	d 是 double 类型的，返回保留 n 位小数的 double 型的近似值
bigint	floor(double d)	d 是 double 类型的，返回 <=d 的最大 bigint 型值
bigint	ceil(double d) ceiling (double d)	d 是 double 类型的，返回 >=d 的最小 bigint 型值
double	rand() rand(int seed)	返回一个 double 型随机数，整数 seed 是随机因子
double	exp(double d)	返回 e 的 d 幂次方，返回 double 型值
double	ln(double d)	以自然数为底 d 的对数，返回 double 型值
double	1og10(double d)	以 10 为底 d 的对数，返回 double 型值
double	log2(double d)	以 2 为底 d 的对数，返回 double 型值
double	log(double base,double d)	以 base 为底 d 的对数，返回 double 型值，其中 base 和 d 都是 double 型的
double	pow(double d, double p) power(double d, double p)	计算 d 的 p 次幂，返回 double 值，其中 d 和 p 都是 double 型的
double	sqrt(double d)	计算 d 的平方根，其中 d 是 double 型的
string	bin(bigint i)	计算二进制值 i 的 string 类型值，其中 i 是 bigint 类型的
string	hex(bigint i)	计算十六进制值 i 的 string 类型值，其中 i 是 bigint 类型的
string	hex(string str)	计算十六进制表达的值 str 的 string 类型值
string	hex(binary b)	计算二进制表达的值 b 的 string 类型值
string	unhex(string i)	hex(string str) 的逆方法
string	conv(bigint num, int from_base, int to_base)	将 bigint 类型的 num 从 from_base 进制转换成 to_base 进制，并返回 string 类型结果
string	conv(string num,int from_base, int to_base)	将 string 类型的 num 从 from_base 进制转换成 to_base 进制，并返回 string 类型结果
double	abs(double d)	计算 double 型值 d 的绝对值，返回结果也是 double 型的
int	pmod(int i1, int i2)	int 值 i1 对 int 值 i2 取模，结果也是 int 型的
double	pmod(double d1, double d2)	double 值 d1 对 double 值 d2 取模，结果也是 double 型的
double	sin(double d)	在弧度度量中，返回 double 型值 d 的正弦值，结果是 double 型的

返回值类型	样式	描述
double	asin(double d)	在弧度度量中，返回 double 型值 d 的反正弦值，结果是 double 型的
double	cos(double d)	在弧度度量中，返回 double 型值 d 的余弦值，结果是 double 型的
double	acos(double d)	在弧度度量中，返回 double 型值 d 的反余弦值，结果是 double 型的
double	tan(double d)	在弧度度量中，返回 double 型值 d 的正切值，结果是 double 型的
double	atan(double d)	在弧度度量中，返回 double 型值 d 的反正切值，结果是 double 型的
double	degrees(double d)	将 double 型弧度值 d 转换成角度值，结果是 double 型的
double	radians(double d)	将 double 型角度值 d 转换成弧度值，结果是 double 型的
int	positive(int i)	返回 int 型值 i（其等价的有效表达式是 \+i）
double	positive(double d)	返回 double 型值 d（其等价的有效表达式是 \+d）
int	negative(int i)	返回 int 型值 i 的负数（其等价的有效表达式是 -i）
double	negative(double d)	返回 double 型值 d 的负数（其等价的有效表达式是 -d）
float	sign(double d)	如果 double 型值 d 是正数的话，则返回 float 值 1.0；如果 d 是负数的话，则返回 -1.0；否则返回 0.0
double	e()	数学常数 e（也就是超越数）的 double 型值
double	pi()	数学常数 pi（也就是圆周率）的 double 型值

注意：函数 floor、round 和 ceil（向上取整）输入的是 double 类型的值，而返回值是 bigint 类型的，也就是将浮点型数转换成整型了。在进行数据类型转换时，这些函数是首选的处理方式，而不是使用前面我们提到过的 cast 类型转换操作符。同样地，也存在基于不同的底（例如十六进制）将整数转换为字符串的函数。

2. 聚合函数

聚合函数是一类比较特殊的函数。其可以对多行进行一些计算，然后得到一个结果值。更确切地说，这是用户自定义聚合函数，这类函数中最有名的就是 count 和 avg。函数 count 用于计算有多少行数据（或者某列有多少值），而函数 avg 可以返回指定列的平均值。

下面是一个查询示例表 employees 中有多少雇员并计算这些雇员平均薪水的 HiveQL 语句。

```
hive> select count(*),avg(salary) from employees;
4 77500.0
```

表 5-3 对 Hive 的内置聚合函数进行了说明。

通常可以通过设置属性 hive.map.aggr 值为 true 来提高聚合的性能，如下所示：

```
hive> set hive.map.aggr=true;
hive> select count(*), avg(salary) from employees
```

表 5-3　内置聚合函数

返回值类型	样式	描述
bigint	count(*)	计算总行数，包括含有 NULL 值的行
bigint	count(expr)	计算提供的 expr 表达式的值是非 NULL 的行数
bigint	count(distinct expr[,expr_.])	计算提供的 expr 表达式的值排重后非 NULL 的行数
double	sum(col)	计算指定行的值的和
double	sum(distinct col)	计算排重后值的和
double	avg(col)	计算指定行的值的平均值
double	avg(distinct col)	计算排重后的值的平均值
double	min(col)	计算指定行的最小值
double	max(col)	计算指定行的最大值
double	variance(col),var_pop (col)	返回集合 col 中的一组数值的方差
double	var_samp(col)	返回集合 col 中的一组数值的样本方差
double	stddev_pop(col)	返回一组数值的标准偏差
double	stddev_samp(col)	返回一组数值的标准样本偏差
double	covar_pop(col1,col2)	返回一组数值的协方差
double	covar_samp(col1,col2)	返回一组数值的样本协方差
double	corr(col1,col2)	返回两组数值的相关系数
double	percentile(bigint int_expr, p)	int_expr 在 p（范围是 [0,1]）处的对应的百分比，其中 p 是一个 double 型数值
array<double>	percentile(bigint int_expr, array(p1[,p2]...))	Int_expr 在 p（范围是 [0,1]）处的对应的百分比，其中 p 是一个 double 型数组
double	percentile_ approx (double col,p[,NB])	col 在 p（范围是 [0,1]）处的对应的百分比，其中 p 是一个 double 型数值，NB 是用于估计的直方图中的仓库数量（默认是 10000）
array<double>	percentile_pprox(double col, array(p1[, p2]...)[, NB])	col 在 p（范围是 [0,1]）处的对应的百分比，其中 p 是一个 double 型数组，NB 是用于估计的直方图中的仓库数量（默认是 10000）
array<struct {'x','y'}>	histogram_numeric(col, NB)	返回 NB 数量的直方图仓库数组，返回结果中的值 x 是中心，值 y 是仓库的高
array	collect_set(col)	返回集合 col 元素排重后的数组

正如这个例子所展示的，这个设置会触发在 map 阶段进行的"顶级"聚合过程（非顶级的聚合过程将会在执行一个 group by 后进行）。不过这个设置将需要更多的内存。

如表 5-3 所示，多个函数都可以接受 distinct... 表达式。例如，我们可以通过这种方式计算排重后的 symbol 个数，如下所示：

```
hive> select count(distinct symbol) from stocks;
0
```

3. 表生成函数

与聚合函数"相反的"一类函数就是所谓的表生成函数，它可以将单列扩展成多列或者多行。我们将首先进行简要的讨论，然后列举出 Hive 目前所提供的一些内置表生成函数。

下面通过一个例子来进行讲解。下面的这个查询语句将 employees 表中每行记录中的 subordinates 字段内容转换成 0 个或者多个新的记录行。如果某行雇员记录 subordinates 字段内容为空的话，将不会产生新的记录；如果不为空的话，那么这个数组的每个元素都将产生一行新记录。

```
hive> select explode (subordinates) as sub from employees;
Mary Smith
Todd Jones
Bill King
```

上面的查询语句中，我们使用 as sub 子句定义了列别名 sub。当使用表生成函数时，Hive 要求使用列别名。用户可能需要了解其他更多的特性细节才能正确地使用这些函数。表 5-4 对 Hive 内置的表生成函数进行了说明。

表 5-4　表生成函数

返回值类型	样式	描述
N 行结果	explode(array array)	返回 0 到多行结果，每行都对应输入的 array 数组中的一个元素
N 行结果	explode(map map)	返回 0 到多行结果，每行对应一个 map 键值对。其中一个字段是 map 的键，另一个字段对应 map 的值
数组的类型	explode(array<type> a)	对于 a 中的每个元素，explode() 会生成一行记录包含这个元素
结果插入表中	inline(array<struct[, struct]>)	将结构体数组提取出来并插入到表中
TUPLE	json_tuple(string jsonstr, p1, p2, ..., pn)	本函数可以接受多个标签名称，对输入的 jsonStr 字符串进行处理。这个 get_json_object 与 UDF 类似，不过更高效，其通过一次调用就可以获得多个键值
TUPLE	parse_url_tuple(url,partname1, partname2,...partnameN) 其中 N>=1	从 URL 中解析出 N 个部分信息。其输入参数是 url 以及多个要抽取的部分的名称。所有输入的参数的类型都是 string。部分名称是大小写敏感的，而且不应该包含有空格，如：HOST,PATH,QUERY,REF,PROTOCOL,AUTHORITY, FILE,USERINFO,QUERY:<KEY_NAME>
N 行结果	stack(INT N, col1, ..., colM)	M 列转换成 N 行，每行有 M/N 个字段。其中 N 必须是个常数

下面是一个使用函数 parse_url_tuple 的例子。其中我们假设存在一张名为 url_table 的表，而且表中含有一个名为 url 的列，列中存储很多网址。

```
select parse_url_tuple(url,'HOST','PATH','QUERY') as (host, path, query)
from url_table;
```

5.1.5　limit 语句

典型的查询会返回多行数据。limit 子句用于限制返回的行数，如下所示：

```
hive> select upper (name),salary, deductions["Federal Taxes"],
    >round (salary*(1-deductions["Federal Taxes"])) from employees
    >limit 2;
john doe      100000.0  0.2  80000
mary smith     80000.0  0.2  69000
```

5.1.6　列别名

5.1.5 小节中的示例查询语句可以认为是返回一个由新列组成的新的关系，其中有些新产生的结果列对于表 employees 来说是不存在的。通常有必要给这些新产生的列起一个名称，也就是别名。下面这个例子对 5.1.5 小节中的查询进行了修改，为第三个和第四个字段起了别名，别名分别为 fed_taxes 和 salary_minus_fed_taxes。

```
hive> select upper(name) ,salary, deductions["Federal Taxes"] as fed_taxes,
    > round (salary*(1-deductions["Federal Taxes"])) as salary_minus_fed_taxes
    > from employees limit 2;
john doe      100000.0   0.2   80000.0
mary smith    80000.0    0.2   69000
```

5.1.7　嵌套 select 语句

对于嵌套查询语句来说使用别名是非常有用的。下面我们对上述的示例进行一个嵌套查询。

```
hive> from
    > select upper(name),salary, deductions["Federal Taxes"] as fed_taxes,
    > round(salary*(1-deductions["Federal Taxes"])) as salary_minus_fed_taxes
    > from employees
    > ) e
    > select e.name,e.salary_minus_ fed_ taxes > 70000;
JOHN DOE  100000.0    0.2    80000
```

从这个嵌套查询语句中可以看到，我们将前面的结果集起了个别名，称之为 e。在这个语句外面嵌套查询了 name 和 salary_minus_fed_taxes 两个字段，同时约束后者的值要大于 70000。

5.1.8　case...when...then 语句

case...when...
then 语句

case...when...then 语句和 if 条件语句类似，用于处理单个列的查询结果，例如：

```
hive> select name, salary,
    > case
    > when salary<50000.0 then 'low'
    > when salary>=50000.0 and salary<70000.0 then 'middle'
    > when salary>=70000.0 and salary<100000.0 then 'high'
    > else 'very high'
    > end as bracket from employeest;
John Doe            100000 .0      very high
Mary Smith          80000.0        high
Todd Jones          70000.0        high
Bill King           60000.0        middle
Boss Man            200000.0       very high
Fred Finance        150000.0       very high
Stacy Accountant    60000.0        middle
```

5.2　where 语句

select 语句用于选取字段，where 语句用于过滤条件，两者结合使用可以查找到符合过滤条件的记录。和 select 语句一样，在介绍 where 语句之前我们已经在前述章节内的很多简单例子中使用过它了。现在我们将更多地、具体地探讨该语句的一些细节。

where 语句使用谓词表达式，对于列应用在谓词操作符上的情况我们将稍后进行讨论。有几种谓词表达式可以使用 and 和 or 相连接，当谓词表达式计算结果为 true 时，相应的行将被保留并输出。

我们曾经使用过下面这个语句来限制查询的结果必须是美国的加利福尼亚州。

```
select * from employees
where country = 'US' and state='CA';
```

谓词可以引用和 select 语句中相同的各种对于列值的计算。下面我们修改前述对于税收的查询，过滤保留那些工资减去税费后总额大于 70000 的查询结果。

```
hive> select name, salary, deductions["Federal Taxes"],
  > salary*(1-deductions["Federal Taxes"])
  > from employees
  > where round(salary*(1-deductions["Federal Taxes"]))>70000;
John Doe    100000.0 0.2  80000.0
```

这个查询语句有些难看，因为第二行的那个复杂的表达式和 where 语句后面的表达式是一样的。下面的查询语句虽然通过使用一个列别名消除了这里表达式重复的问题，但不幸的是它不是有效的。

```
hive> select name, salary, deductions["Federal Taxes"],
  > salary*(1-deductions["Federal Taxes"]) as salary_minus_ fed_taxes
  > from employees
  > where round (salary_minus_ fed_ taxes) > 70000;
FAILED: Error in semantic analysis:Line 4:13 Invalid table alias column reference 'salary_minus_ fed_
    taxes':(possible column names are: name, salary, subordinates, deductions, address)
```

正如错误信息所提示的，不能在 where 语句中使用列别名。不过我们可以使用一个如下所示的嵌套的 select 语句。

```
hive> select e. * from
  > (select name,salary,deductions["Federal Taxes"] as ded,
  > salary * (1-deductions["Federal Taxes"] as salary_minus_fed_taxes
  > from employees) e
  > where round(e.salary_minus_fed_taxes) > 70000;
John Doe        100000 .0      0.2      80000.0
Boss Man        200000.0       0.3      140000.0
Fred Finance    150000.0       0.3      105000.0
```

5.2.1 谓词操作符

表 5-5 描述了谓词操作符。这些操作符同样可以用于 join...on 和 having 语句中。

表 5-5　谓词操作符

样式	返回值类型	描述
A=B	基本数据类型	如果 A 等于 B 则返回 true，反之返回 false
A<=>B	基本数据类型	如果 A 和 B 都为 NULL 则返回 true，其他的和等号操作符的结果一致，如果任一为 NULL 则结果为 NULL
A==B	没有	这个是错误的语法。SQL 使用 = 而不是 ==

续表

样式	返回值类型	描述
A<>B，A!=B	基本数据类型	A 或者 B 为 NULL 则返回 NULL；如果 A 不等于 B 则返回 true，反之返回 false
A<B	基本数据类型	A 或者 B 为 NULL 则返回 NULL；如果 A 小于 B 则返回 true，反之返回 false
A<=B	基本数据类型	A 或者 B 为 NULL 则返回 NULL；如果 A 小于或等于 B 则返回 true，反之返回 false
A>B	基本数据类型	A 或者 B 为 NULL 则返回 NULL；如果 A 大于 B 则返回 true，反之返回 false
A>=B	基本数据类型	A 或者 B 为 NULL 则返回 NULL；如果 A 大于或等于 B 则返回 TRUE，反之返回 FALSE
A [not] between B and C	基本数据类型	如果 A、B 或者 C 任一为 NULL，则结果为 NULL；如果 A 的值大于或等于 B 而且小于或等于 C，则结果为 true，反之为 false；如果使用 NOT 关键字则可达到相反的效果
A is null	所有数据类型	如果 A 等于 NULL 则返回 true，反之返回 false
A is not null	所有数据类型	如果 A 不等于 NULL 则返回 true，反之返回 false
A [not] like B	string 类型	B 是一个 SQL 下的简单正则表达式，如果 A 与其匹配的话则返回 true，反之返回 false。B 的表达式说明如下：'x%' 表示 A 必须以字母 x 开头，'%x' 表示 A 必须以字母 x 结尾，而 '%x%' 表示 A 包含字母 x，可以位于开头、结尾或者字符串中间。类似地，下划线 '_' 匹配单个字符。B 必须要和整个字符串 A 相匹配才行。如果使用 NOT 关键字则可达到相反的效果
A rlike B，A regexp B	string 类型	B 是一个正则表达式，如果 A 与其相匹配，则返回 true，反之返回 false。匹配是使用 JDK 中的正则表达式接口实现的，因为正则规则也依据其中的规则。例如，正则表达式必须和整个字符串 A 相匹配，而不是只需与其子字符串匹配

5.2.2　关于浮点数比较

浮点数比较的一个常见陷阱出现在不同类型间作比较的时候（也就是 float 和 double 比较）。思考下面这个对于员工表的查询语句，该语句将返回员工姓名、工资和税费，过滤条件是薪水的减免税款超过 0.2（20%）。

```
hive> select name, salary, deductions['Federal Taxes']
  > from employees where deductions ['Federal Taxes'] > 0.2;
John Doe       100000.0     0.2
Mary Smith    80000.0      0.2
Boss Man      200000.0     0.3
Fred Finance  150000.0     0.3
```

为什么 deductions['Federal Taxes'] = 0.2 的记录也被输出了？这是 Hive 的一个漏洞吗？其实际上反映了内部是如何进行浮点数比较的，这个问题几乎影响了在现在数字计算机中所有使用各种各样编程语言编写的软件。

当用户写一个浮点数时，比如 0.2，Hive 会将该值保存为 double 型的。我们之前定义 deductions 这个 map 的值的类型是 float 型的，这意味着 Hive 隐式地将税收减免值转换为 double 类型后再进行比较。这样应该是可以的，对吗？

事实上这样行不通。下面解释一下为什么行不通。数字 0.2 不能够使用 float 类型或

double 类型进行准确表示。在这个例子中，0.2 的近似的精确值应略大于 0.2，也就是 0.2 后面的若干个 0 后存在非零的数值。

为了简化，我们可以说 0.2 对于 float 类型是 0.2000001，而对于 double 类型是 0.200000000001。这是因为一个 8 个字节的 double 型值具有更多的小数位（也就是小数点后的位数）。当表中的 float 型值通过 Hive 转换为 double 型值时，其产生的 double 型值是 0.200000100000，这个值实际要比 0.200000000001 大。这就是为什么这个查询结果像是使用了 ">=" 而不是 ">" 了。

这个问题并非仅仅存在于 Hive 中或 Java 中（Hive 是使用 Java 实现的），而是所有使用 IEEE 标准进行浮点数编码的系统中存在的一个普遍的问题。然而，Hive 中有两种规避这个问题的方法。

先讲第一个规避方法。如果我们是从文本文件中读取数据的话，也就是目前为止我们所假定使用的存储格式，那么 Hive 会从数据文件中读取字符串 '0.2'，然后将其转换为一个真实的数字。我们可以在表模式中定义对应的字段类型为 double 而不是 float，这样就可以对 deductions['Federal Taxes'] 这个 double 型值和 0.2 这个 double 型值进行比较。不过，这种变化会增加查询时所需的内存消耗。同时，如果存储格式是二进制文件格式（如 SequenceFile）的话，我们也不能简单地进行这样的改变。

第二个规避方法是显式地指出 0.2 为 float 类型的。Java 中有一个很好的方式能够达到这个目的，即只需要在数值末尾加上字母 F 或 f（例如，0.2f）。不幸的是，Hive 并不支持这种语法，这里我们必须使用 cast 操作符。

下面是修改后的查询语句，其将字符串 '0.2' 转换为 float 类型了。通过这个修改，返回结果是符合预期的，具体语句如下：

```
hive> select name,salary, deductions['Federal Taxes'] from employees
    > where deductions['Federal Taxes'] > cast(0.2 as float);
Boss Man   200000.0    0.3
```

注意 cast 操作符内部的语法：

```
数值 as float
```

5.2.3　like 和 rlike

表 5-5 描述了 like 和 rlike 谓词操作符。因为 like 是一个标准的 SQL 操作符，用户可能已经见过它了。它可以让我们通过字符串的开头或结尾，以及指定特定的子字符串，或当子字符串出现在字符串内的任何位置时进行匹配。

例如，下面三个查询依次分别选择出了住址中街道是以字符串 'Ave' 结尾的雇员名称和住址，城市是以 'O' 开头的雇员名称和住址与街道名称中包含有 'Chicago' 的雇员名称和住址：

```
hive> select name, address .street from employees where address .street like '%Ave.';
John Doe     1         Michigan Ave.
Todd Jones   200       Chicago Ave.
hive> select name, address.city from employees where address.city like 'O%';
Todd Jones   Oak Park
Bill King    Obscuria
hive> select name, address.street from employees where address.street like '%Chi%';
Todd Jones   200  Chicago Ave.
```

rlike 子句是 Hive 对 like 功能的一个扩展，它可以通过 Java 的更强大的正则表达式来指定匹配条件。不过本书中不会介绍正则表达式的语法和功能。这里，我们通过一个例子来展示它们的用法，这个例子会从 employees 表中查找所有住址的街道名称中含有单词 Chicago 或 Ontario 的雇员名称和街道信息：

```
hive> select name, address.street
    > from employees where address.street rlike '.*(Chicago|Ontario).*';
Mary Smith    100    Ontario St.
Todd Jones    200    Chicago Ave.
```

关键字 rlike 后面的字符串表达如下含义：字符串中的点号（.）表示和任意的字符匹配；星号（*）表示重复左边的字符串（在以上例子中为点号）零次到无数次；表达式（x|y）表示和 x 或者 y 匹配。

不过，"Chicago" 或者 "Ontario" 字符串前可能没有其他任何字符，而且它们后面也可能不含有其他任何字符。当然，我们也可以通过两个 like 子句来改写这个例子，如下所示：

```
SELECT name, address FROM employees
WHERE address.street LIKE '%Chicago%' OR address.street LIKE '%Ontario%';
```

与用多个 like 子句进行过滤相比，通过正则表达式可以表达更丰富的匹配条件。

5.3　group by 语句

group by 语句通常会和聚合函数一起使用，按照一个或者多个列对结果进行分组，然后对每个组执行聚合操作。

下面这个查询语句对 Apple（苹果）公司的股票按年份进行分组，并计算每年的平均收盘价。

```
hive> select year(ymd),avg(price_close) from stocks
    > where exchange='NASDAQ' and symbol='AAPL'
    > group by year(ymd);
1984   25.578625440597534
1985   20.193676221040867
1986   32.46102808021274
...
```

having 子句允许用户通过一个简单的语法完成原本需要通过子查询才能对 group by 语句产生的分组进行条件过滤的任务。下面这个语句是对前面的查询语句增加一个 having 子句来限制输出结果中年平均收盘价大于 $50.0 的记录。

```
hive> select year(ymd)，avg(price_ close) from stocks
    > where exchange='NASDAQ' and symbol='AAPL'
    > group by year(ymd)
    > having avg(price close)>50.0;
1987   53.88968399108163
1991   52.49553383386182
...
```

如果没使用 having 子句，那么这个查询将需要使用一个嵌套 select 子查询：

```
hive> select s2.year, s2.avg from
    > (select year(ymd) AS year, avg(price_ close) as avg from stocks
    > where exchange='NASDAQ' and symbol='AAPL'
    > group by year(ymd)) s2
```

```
> where s2.avg>50.0;
1987   53.88968399108163
1991   52.49553383386182
...
```

5.4　join 语句

虽然 Hive 支持 SQL join 语句，但是只支持等值连接。

5.4.1　inner join

内连接（inner join）中，只有进行连接的两个表中都存在与连接标准相匹配的数据才会被保留下来。例如，下面这个查询语句是对 Apple 公司的股价（股票代码 AAPL）和 IBM 公司的股价（股票代码 IBM）进行比较。股票表 stocks 进行自连接，连接条件是 ymd 字段（也就是 year-month-day）内容必须相等。我们也称 ymd 字段是这个查询语句中的连接关键字。

```
hive> select a.ymd, a.price_close, b.price_close
  > from stocks a join stocks b on a.ymd=b.ymd
  > where a.symbol='AAPL' AND b.symbol='IBM'
2010-01-04   214.01   132.45
2010-01-05   214.38   130.85
...
```

on 子句指定了两个表间数据进行连接的条件。where 子句限制了左边表是 AAPL 的记录，右边表是 IBM 的记录，同时用户可以看到这个查询中需要为两个表分别指定表别名。

众所周知，IBM 公司要比 Apple 公司成立的早得多，IBM 也比 Apple 具有更久的股票交易记录。不过，既然这是一个内连接，IBM 的 1984 年 9 月 7 日前的记录就会被过滤掉，也就是要从 Apple 股票交易日的第一天算起。

标准 SQL 是支持对连接关键词进行非等值连接的，例如下面这个显示 Apple 和 IBM 对比数据的例子中不支持的查询语句，连接条件是 Apple 的股票交易日期要比 IBM 的股票交易日期早。

```
select a.ymd, a.price_close, b.price_close
from stocks a join stocks b
on a.ymd<=b.ymd
where a.symbol='AAPL' and b.symbol='IBM'
```

这个语句在 Hive 中是非法的，主要原因是通过 MapReduce 很难实现这种类型的连接。不过因为 Pig 提供了一个交叉生产功能，所以在 Pig 中是可以实现这种连接的，尽管 Pig 的原生连接功能并不支持这种连接。

同时，Hive 目前还不支持在 on 子句中的谓词间使用 or。通过下面的例子我们来看一下非自连接操作，其中 dividends 表的数据来自于 infochimps.org。

```
create external table if not exists dividends (
    ymd      string,
    dividend  float
)
```

```
partitioned by (exchange string, symbol string)
row format delimited fields terminated by ',';
```

下面这个例子就是 Apple 公司的 stocks 表和 dividends 表按照字段 ymd 和字段 symbol 作为等值连接键的内连接。

```
hive> select s.ymd, s.symbol, s.price_close, d.dividend
    > from stocks s join dividends d on s.ymd=d.ymd and s.symbol=d.symbol
    > where s.symbol='AAPL';
1987-05-11   AAPL   77.0    0.015
1987-08-01   AAPL   48.25   0.015
...
```

用户可以对多于两个表的多个表进行连接操作。下面我们来对 Apple 公司、IBM 公司和 GE 公司并排进行比较：

```
hive> select a.ymd, a.price_close, b.price_close,c.price_close
    > from stocks a join stocks b on a.ymd=b.ymd
    >        join stocks c on a.ymd=c.ymd
    > where a.symbol='AAPL' and b.symbol='IBM' and c.symbol='GE'
2010-01-04   214.01   132.45   15.95
2010-01-05   214.38   130.85   15.53
2010-01-06   210.97   130.0    15.45
...
```

大多数情况下，Hive 会对每对 join 连接对象启动一个 MapReduce 任务。本例中，会首先启动一个 MapReduce job 对表 a 和表 b 进行连接操作，然后会再启动一个 MapReduce job 将第一个 MapReduce job 的输出和表 c 进行连接操作。

5.4.2　join 优化

在 5.4.1 小节中的最后那个例子中，每个 on 子句中都使用了 a.ymd 作为其中一个 join 连接键。在这种情况下，Hive 通过一个优化可以在同一个 MapReduce job 中连接三个表。同样如果 b.ymd 也用于 on 子句中的话，那么也会应用到这个优化。

Hive 同时假定查询中最后一个表是最大的那个表。在对每行记录进行连接操作时，它会尝试将其他表缓存起来，然后扫描最后那个表进行计算。因此，用户需要尽可能地保证连续查询中的表的大小从左到右是依次增加的。

下面这个语句是之前对表 stocks 和表 dividends 进行的连接操作，我们当时是将最小的表 dividends 放在了最后面。

```
select s.ymd, s.symbol, s.price_close, d.dividend
from stocks s join dividends d on s.ymd=d.ymd and s.symbol=d.symbol
where s.symbol='AAPL'
```

应该交换表 stocks 和表 dividends 的位置，如下所示：

```
select s.ymd, s.symbol, s.price_close, d.dividend
from dividends d join stocks s on s.ymd=d.ymd and s.symbol=d.symbol
where s.symbol='AAPL'
```

不过因为这个数据集并不大，所以并没有明显地看出现在和之前执行时在性能上的差别，但是对于大数据集，用户将会感知到这个差别。

但用户并非总是要将最大的表放置在查询语句的最后面。这是因为 Hive 还提供了一个"标记"机制来显式地告之查询优化器哪个表是大表，使用方式如下：

```
select /*+STREAMTABLE(s)*/s.ymd, s.symbol, s.price_close, d.dividend
from stocks s join dividends d on s.ymd=d.ymd and s.symbol=d.symbol
where s.symbol='AAPL'
```

5.4.3 left outer join

左外连接（left outer join）通过关键字 left outer 进行标识：

```
hive> select s.ymd,s.symbol,s.price_close,d.dividend
   > from stocks s left outer join dividends d on s.ymd=d.ymd and s.symbol=d.symbol
   > where s.symbol='AAPL';
1987-05-01  AAPL  80.0   NULL
1987-05-04  AAPL  79.75  NULL
1987-05-05  AAPL  80.25  NULL
...
```

在左外连接操作中，join 操作符左边表中符合 where 子句的所有记录将会被返回。join 操作符右边表中如果没有符合 on 后面连接条件的记录时，那么从右边表指定选择的列的值将会是 NULL。

因此，在这个结果集中，我们看到 Apple 公司的股票记录都返回了，而 d.dividend 字段的值通常是 NULL。

5.4.4 right outer join

右外连接（right outer join）会返回右边表所有符合 where 语句的记录。左表中匹配不上的字段值用 NULL 代替。

这里我们调整下 stocks 表和 dividends 表的位置来执行右外连接，并保留 select 语句不变：

```
hive> select s.ymd, s.symbol, s.price_close,d.dividend
   > from dividends d right outer join stocks s on d.ymd=s.ymd and d.symbol=s.symbol
   > where s.symbol='AAPL'
1987-05-07  AAPL  80.25  NULL
1987-05-08  AAPL  79.0   NULL
1987-05-11  AAPL  77.0   0.015
...
```

5.4.5 full outer join

最后介绍的完全外连接（full outer join）将会返回所有表中符合 where 语句条件的所有记录。如果任一表的指定字段没有符合条件的值的话，那么就使用 NULL 值替代。

如果我们将上一节的查询改写成一个完全外连接查询的话，事实上获得的结果和上一节的一样，这是因为不可能存在有股息支付记录而没有对应的股票交易记录的情况。

```
hive> select s.ymd, s.symbol, s.price_close,d.dividend
   > from dividends d full outer join stocks s on d.ymd=s.ymd and d.symbol=s.symbol
   > where s.symbol='AAPL';
1987-05-07  AAPL  80.25  NULL
```

```
1987-05-08  AAPL  79.0  NULL
1987-05-11  AAPL  77.0  0.015
...
```

5.4.6 left semi join

左半开连接（left semi join）会返回左边表的记录，前提是其记录对于右边表满足 on 语句中的判定条件。对于常见的内连接来说，这是一个特殊的、优化后的情况，大多数的 SQL 方言会通过 in...exists 结构来处理这种情况。例如下面所示的查询，它将试图返回限定的股息支付日内的股票交易记录，不过这个查询 Hive 是不支持的。

```
select s.ymd,s.symbol,s.price_close from stocks s
where s.ymd, s.symbol in
(select d.ymd, d.symbol from dividends d)
```

不过，用户可以使用 left semi join 语法达到同样的目的。

```
hive> select s.ymd, s.symbol, s.price_ close
  > from stocks s left semi join dividends d on s.ymd=d.ymd and s.symbol=d.symbol;
```

注意：select 和 where 语句中不能引用右边表中的字段。

semi join 比通常的 inner join 要更高效，原因如下：对于左表中一条指定的记录，在右边表中一旦找到与其匹配的记录，Hive 就会立即停止扫描。从这一点来看，左边表中选择的列是可以预测的。

5.4.7 笛卡儿积 join

笛卡儿积是一种连接，表示左边表的行数乘以右边表的行数等于笛卡儿结果集的大小。也就是说如果左边表有 5 行数据，右边表有 6 行数据，那么产生的笛卡儿积结果将是 30 行数据。

```
selects * from stocks join dividends;
```

上面的查询以 stocks 表和 dividends 表为例，实际上很难找到合适的理由来执行这类连接，因为一只股票的股息通常并非和另一只股票配对。此外，笛卡儿积会产生大量的数据。和其他连接类型不同，笛卡儿积不是并行执行的，而且使用 MapReduce 计算架构的话，任何方式都无法进行优化。

这里非常有必要指出，使用错误的连接语法可能会导致产生一个执行时间长、运行缓慢的笛卡儿积查询。例如，下面这个查询在很多数据库中会被优化成内连接，但是在 Hive 中没有此优化。

```
Hive> select*from stocks join dividends
  > where stock.symbol=dividends.symbol and stock.symbol='AAPL';
```

在 Hive 中，这个查询在应用 where 语句中的谓词条件前会先进行完全笛卡儿积计算，这个过程将会消耗很长的时间。如果设置属性 hive.mapred.mode 值为 strict，Hive 会阻止用户执行笛卡儿积查询。

提示：笛卡儿积在一些情况下是很有用的。例如，假设有一个表表示用户偏好，另有一个表表示新闻文章，同时有一个算法会推测出用户可能会喜欢读哪些文章。这个时候就需要使用笛卡儿积生成所有用户和所有网页的对应关系的集合。

5.4.8 map-side join

如果所有表中只有一个表是小表，那么可以在最大的表通过 Mapper 的时候将小表完全放到内存中。Hive 可以在 map 端执行连接过程（称为 map-side join），这是因为 Hive 可以和内存中的小表进行逐一匹配，从而省略掉常规连接操作所需要的 reduce 过程。即使对于很小的数据集，这个优化也明显地要快于常规的连接操作。其不仅减少了 reduce 过程，而且有时还可以同时减少 map 过程的执行步骤。

stocks 表和 dividends 表之间的连接操作也可以利用到这个优化，因为 dividends 表中的数据集很小，可以全部放在内存中缓存起来。那么此时，用户需要设置属性 hive.auto.convert.join 的值为 true，这样 Hive 才会在必要的时候启动这个优化。默认情况下这个属性的值是 false，如下语句所示：

```
hive> set hive.auto.convert.join=true;
hive> select s.ymd, s.symbol, s.price_close, d.dividend
    > from stocks s join dividends d on s.ymd=d. ymd and s.symbol,d.symbol
    > where s.symbol = 'AAPL';
```

需要注意的是，用户也可以配置能够使用这个优化的小表的大小。下面是这个属性的默认值（单位是字节）：

```
hive.mapjoin.smalltable.filesize=25000000
```

如果用户期望 Hive 在必要的时候自动启动这个优化的话，那么可以将这一个（或两个）属性设置在 $HOME/.hiverc 文件中。

Hive 对于右外连接和全外连接不支持这个优化。

如果所有表中的数据是分桶的，那么在特定的情况下对于大表同样可以使用这个优化。简单地说，表中的数据必须是按照 on 语句中的键进行分桶的，而且其中一个表的分桶的个数必须是另一个表分桶个数的若干倍。当满足这些条件时，Hive 可以在 map 阶段按照分桶数据进行连接。因此，这种情况下不需要先获取表中所有的内容之后才去和另一个表中每个分桶进行匹配连接。

不过，这个优化同样默认是没有开启的。需要设置参数 hive.optimize.bucketmapJOIN 为 true 才可以开启此优化，语句如下：

```
set hive.optimize.bucketmapJOIN=true;
```

如果所涉及的分桶表都具有相同的分桶数，而且数据是按照连接键或桶的键进行排序的，那么这时 Hive 可以执行一个更快的分类—合并连接（sort-merge join）。同样地，这个优化需要设置如下属性才能开启，语句如下：

```
set hive.input.format=org.apache.hadoop.hive.ql.io.BucketizedHiveInputFormat;
set hive.optimize.bucketmapjoin=true;
set hive .optimize.bucketmapjoin.sortedmerge=true;
```

5.5 order by 和 sort by

Hive 中 order by 语句和其他的 SQL 方言中的定义是一样的，其会对查询结果集执行一个全局排序，这也就是说会有一个所有的数据都通过一个 Reducer 进行处理的过程。对于大数据集，这个过程可能会消耗特别长的时间来执行。

Hive 增加了一个可供选择的方式，也就是 sort by，其只会在每个 Reducer 中对数据进行排序，也就是执行一个局部排序过程。这可以保证每个 Reducer 的输出数据都是有序的（但并非全局有序），这样可以提高后面进行的全局排序的效率。

这两种情况的语法区别仅仅是一个关键字是 order，另一个关键字是 sort。用户可以指定任意期望进行排序的字段，并可以在字段后面加上 asc 关键字（默认的）表示按升序排序，或加 desc 关键字表示按降序排序。

下面是一个使用 order by 的例子：

```
select s.ymd, s.symbol,s.price_close
from stocks s
order by s.ymd asc,s.symbol desc;
```

下面是一个类似的例子，不过使用的是 sort by：

```
select s.ymd, s.symbol,s.price_close
from stocks s
sort by s.ymd asc,s.symbol desc;
```

上面介绍的两个查询看上去几乎一样，不过如果使用的 Reducer 的个数大于 1 的话，那么输出结果的排序就大不一样了。既然只保证每个 Reducer 的输出是局部有序的，那么不同 Reducer 的输出就可能会有重叠。

因为 order by 操作可能会导致运行时间过长，如果属性 hive.mapred.mode 的值是 strict 的话，那么 Hive 要求这样的语句必须加有 limit 语句进行限制。默认情况下这个属性的值是 nonstrict，也就是不会有这样的限制。

5.6 含有 sort by 的 distribute by

下面介绍 distribute by 控制 map 的输出在 Reducer 中是如何划分的。MapReduce job 中传输的所有数据都是按照键值对的方式进行组织的，因此 Hive 在将用户的查询语句转换成 MapReduce job 时，其必须在内部使用这个功能。

通常，用户不需要担心这个特性。不过对于使用了 Streaming 特性以及一些状态为 UDAF（用户自定义聚合函数）的查询是个例外。还有，在另外一个场景下，使用这些语句是有用的。

默认情况下，MapReduce 计算框架会依据 map 输入的键计算相应的哈希值，然后按照得到的哈希值将键值对均匀分发到多个 Reducer 中去。不过不幸的是，这也就意味着当我们使用 sort by 时，不同 Reducer 的输出内容会有明显的重叠，至少对于排列顺序而言是这样，即使每个 Reducer 的输出的数据都是有序的。

假设我们希望具有相同股票交易码的数据在一起处理，那么可以使用 distribute by 来保证具有相同股票交易码的记录会分发到同一个 Reducer 中进行处理，然后使用 sort by 来按照我们的期望对数据进行排序。下面这个例子就演示了这种用法。

```
hive> select s.ymd, s.symbol, s.price_close
    > from stocks s
    > distribute by s.symbol
    > sort by s.symbol asc, s.ymd asc;
1984-09-07  AAPL  26.5
1984-09-10  AAPL  26.37
```

```
1984-09-11  AAPL  26.87
...
```

当然，上面例子中的 asc 关键字是可以省略的，因为其就是默认值。

distribute by 和 group by 在控制 Reducer 如何接受一行行数据进行处理这方面是类似的，而 sort by 则控制着 Reducer 内的数据如何进行排序。需要注意的是，Hive 要求 distribute by 语句写在 sort by 语句之前。

5.7　cluster by

在 5.6 节的例子中，s.symbol 列被用在了 distribute by 语句中，而 s.symbol 列和 s.ymd 位于 sort by 语句中。如果这两个语句中涉及的列完全相同，而且采用的是升序排序方式（也就是默认的排序方式），在这种情况下，cluster by 就等价于前面的两个语句，相当于是这两个句子的一个简写方式。

如下面的例子所示，我们将 5.6 节的查询语句中 sort by 后面的 s.ymd 字段去掉而只对 s.symbol 字段使用 cluster by 语句。

```
hive> select s.ymd, s.symbol, s.price_close
    > from stocks s
    > cluster by s.symbol;
```

因排序限制中去除掉了 s.ymd 字段，所以输出中展示的是股票数据的原始排序方式，也就是降序排列。

使用 distribute by...sort by 语句或其简化版的 cluster by 语句会剥夺 sort by 的并行性，然而这样可以实现输出文件的数据的全局排序。

5.8　类型转换

之前我们简要提及了 Hive 会在适当的时候对数值型数据类型进行隐式类型转换，其关键字是 cast。例如，对不同类型的两个数值进行比较操作时就会有这种隐式类型转换。这里我们介绍一下 cast() 函数，用户可以使用这个函数对指定的值进行显式的类型转换。

前面我们介绍过的 employees 表中 salary 列是使用 float 数据类型的。现在假设这个字段使用的数据类型是 string 的，那么我们如何才能将其作为 float 值进行计算呢？

下面这个例子会先将 salary 值转换为 float 类型，然后才会执行数值大小比较过程：

```
select name, salary from employees
where cast(salary as float) < 100000.0;
```

类型转换函数的语法是 cast(value as type)。如果例子中的 salary 字段的值不是合法的浮点数字符串的话，那么结果会怎么样呢？这种情况下 Hive 会返回 NULL。

注意：将浮点数转换成整数，推荐方式是使用 round() 或者 floor() 函数，而不是使用类型转换函数 cast()。

5.9　抽样查询

对于非常大的数据集，有时用户需要使用的是一个具有代表性的查询结果而不是全部结果，Hive 可以通过对表进行分桶抽样来满足这个需求。在下面这个例子中，假设 numbers 表只有 number 字段，其值是 1 到 10。我们可以使用 rand() 函数进行抽样，这个函数会返回一个随机值。在下面的三个查询语句中，前两个返回了两个不相等的值，而第三个无返回结果。

```
hive> select * from numbers tablesample(bucket 3 out of 10 on rand()) s;
2
4
hive> select * from numbers tablesample(bucket 3 out of 10 on rand()) s;
7
10
hive> select  *from numbers tablesample(bucket 3 out of 10 on sand()) s;
```

如果我们是按照指定的列而非 rand() 函数进行分桶的话，那么同一语句多次执行的返回值是相同的，如下所示：

```
hive> select * from numbers tablesample(bucket 3 out of 10 on number) s;
2
hive> select * from numbers tablesample(bucket 5 out of 10 on number) s;
4
hive> select * from numbers tablesample(bucket 3 out of 10 on number) s;
2
```

分桶语句中的分母表示的是数据将会被散列的桶的个数，而分子表示将会选择的桶的个数，如下所示：

```
hive> select  *from numbers tablesample(bucket 1 out of 2 on number) s;
2
4
6
8
10
hive> select * from numbers tablesample(bucket 2 out of 2 on number) s;
1
3
5
7
9
```

5.9.1　数据块抽样

Hive 提供了另外一种按照抽样百分比进行抽样的方式，这种是基于行数的，按照输入路径下的数据块百分比进行的抽样：

```
hive> select * from numbersflat tablesample(0.1 percent) s;
```

提示：这种抽样方式不一定适用于所有的文件格式。另外，这种抽样的最小抽样单元是一个 HDFS 数据块。因此，如果表的数据所占存储空间小于普通的块大小 128MB 的话，

数据块抽样

将会返回所有行。

下述语句基于百分比的抽样方式提供了一个变量，用于控制基于数据块的调优的种子信息。

```
<property>
    <name>hive.sample.seednumber</name>
    <value>0</value>
     <description>A number used for percentage sampling.By changing this number, user will change the
        subsets of data sampled.</description>
</property>
```

5.9.2　分桶表的输入裁剪

从第一次看 tablesample 语句，有些读者可能会得出"下边的查询和 tablesample 操作相同"的结论。

```
hive> select * from numbersflat where number % 2 = 0;
2
4
6
8
10
```

对于大多数类型的表确实是这样的，抽样会扫描表中所有的数据，然后在每 N 行中抽取一行数据。不过，如果 tablesample 语句中指定的列和 clustered by 语句中指定的列相同，那么 tablesample 查询就只会扫描涉及的表的哈斯分区下的数据：

```
hive> create table numbers bucketed (numberint) clustered by (number) into 3 buckets;
hive> set hive .enforce.bucketing=true;
hive> insert overwrite table numbers bucketed select number from numbers;
hive> dfs - ls /user/hive/warehouse/mydb.db/numbers_bucketed;
/user/hive/warehouse/mydb.db/numbers_bucketed/000000_0
/user/hive/warehouse/mydb.db/numbers_bucketed/000001_0
/user/hive/warehouse/mydb.db/numbers_bucketed/000002_0
hive> dfs - cat /user/hive/warehouse/mydb.db/numbers_bucketed/000001_0;
1
7
10
9
```

因为这个表已经聚集成 3 个数据桶了，下面的这个查询可以高效地仅对其中一个数据桶进行抽样：

```
hive> select * from numbers_bucketed tablesample (bucket 2 out of 3 on number) s;
1
7
10
4
```

5.10　union all

union all 可以将两个或多个表进行合并。每一个 union 子查询都必须具有相同的列，而且对应的每个字段的数据类型必须是一致的。例如，如果第二个字段是 float 类型的，那么所有其他子查询的第二个字段必须都是 float 类型的。

　　下面是将日志数据进行合并的例子。

```
select log.ymd, log.level, log.message
  from (
    select l1.ymd,l1.level,l1.message,'Logl' as source
    from log1 l1
  union all
    select l2.ymd, l2.level,l2.message,'Log2' as source
    from log1 l2
  ) log
  sort by log.ymd asc;
```

　　union 也可用于同一个源表的数据合并。从逻辑上讲，可以使用一个 select 和 where 语句来获得相同的结果，这个技术便于将一个长的复杂的 where 语句分割成两个或多个 union 子查询。不过，除非源表建立了索引，否则这个查询将会对同一份源数据进行多次复制分发，例如：

```
from (
  from src select src.key,src.value where src.key < 100
  union all
  from src select src.* where src.key > 110
) unioninput
insert overwrite directory '/tmp/union.out' select unioninput.*;
```

本 章 小 结

　　本章就 HiveQL 数据查询给出了详细的介绍。包括 select...from 语句中正则表达式、列值计算、算术运算符、函数、limit 语句、嵌套 select 语句、case...when...then 语句的具体用法；where 语句中的谓词操作符、like 和 rlike 关键词；group by 语句的用法；join 语句的不同使用形式；order by 和 sort by；类型转换和抽样查询等。

习　题　5

一、选择题

1. Hive 中分组的关键字是（　　）。
   A．group by　　　　B．order by　　　　C．distribute by　　　　D．sort by
2. 外连接进行 join 默认在（　　）。
   A．Map 端　　　　B．Reduce 端　　　　C．External 端　　　　D．Shuffle 端
3. 已知数组 trans_cnt[1, 2, 3, 4]，trans_cnt[2] 获取的结果为（　　）。
   A．1　　　　　　　B．2　　　　　　　C．3　　　　　　　D．4
4. 已知数组 trans_cnt[1, 2, 3, 4]，以下表达式求数组元素数量的是（　　）。
   A．type(trans_cnt)　　　　　　　　B．length(trans_cnt)
   C．coalesce(trans_cnt)　　　　　　D．size(trans_cnt)

5. 在 Hive 中不可以实现去重的命令是（　　）。

    A．distinct　　　　　B．group by　　　　　C．row_number　　　　D．having

6. 代码 select substr('abcdef',2,3) 的结果是（　　）。

    A．bc　　　　　　　B．bcd　　　　　　　C．cde　　　　　　　D．其他结果都不对

二、填空题

1. 对于一个给定的记录，select 指定了 _____ 。

2. 集合的字符串元素是加上 _____ 的，而基本数据类型 _____ 的列值是不加引号的。

3. 引用一个不存在的元素将会返回 _____ 。同时，提取出的 string 数据类型的值将不再加 _____ 。

4. 用户不但可以选择表中的列，还可以使用 _____ 和算术表达式来操作列值。

5. 函数 floor、round 和 ceil（向上取整）输入的是 double 类型的值，而返回值是 _____ 类型的，也就是将浮点型数转换成整型了。

6. 通常可以通过设置属性 hive.map.aggr 值为 _____ 来提高聚合的性能。

7. select 语句用于选取字段，_____ 语句用于过滤条件，两者结合使用可以查找到符合过滤条件的记录。

8. _____ 中，只有进行连接的两个表中都存在与连接标准相匹配的数据才会被保留下来。

9. 左外连接通过关键字 _____ 进行标识。

10. _____ 可以将两个或多个表进行合并。每一个 union 子查询都必须具有相同的列，而且对应的每个字段的数据类型必须是一致的。

二、简答题

1. 请写出查询示例表 employees 中有多少雇员并计算这些雇员平均薪水（salary）的 HiveQL 语句。

2. 用一个查询语句将 employees 表中每行记录中的 subordinates 字段内容转换成 0 个或者多个新的记录行，使用 as sub 子句定义列别名 sub。

3. 使用 rlike 子句在 employees 表中查找所有住址的街道名称中含有单词 Chicago 或 Ontario 的雇员名称和街道信息。

4. 结合苹果公司股票表 stocks，使用 group by 语句对苹果公司的股票按年份进行分组，并计算每年的平均收盘价。

第 6 章　Hive 配置与应用

    Hive 配置与应用介绍 Hive 的完整安装过程，在此基础上给出 Hive 的不同访问方式，并基于 Hive CLI 方式给出相关操作的介绍。同时给出 Hive 数据定义的相关操作，例如，内部表与外部表的建立、表结构的修改等。

6.1　Hive 安装与配置

1．Hive 版本使用

版本：apache-hive-1.2.1-bin.tar.gz。

将此文件上传至集群中的 master 机器中并解压，使用命令如下所示：

```
# tar -xvf apache-hive-1.2.1-bin.tar.gz
# pwd
/root/apache-hive-1.2.1-bin   //此为Hive的主目录
```

2．配置环境变量

配置环境变量：

```
# vim /etc/profile
export HIVE_HOME=/root/apache-hive-1.2.1-bin/
export CLASSPATH=.:${HIVE_HOME}/lib:$CLASSPATH
export PATH=${HIVE_HOME}/bin:${HIVE_HOME}/conf:$PATH
# source /etc/profile     //此命令使修改的配置文件生效
```

此时 Hive 已经可以使用，执行 ./hive 命令进入 Hive CLI 界面，如图 6-1 所示。

```
root@master:~# hive
18/02/23 10:50:55 INFO Configuration.deprecation: mapred.reduce.tasks is deprecated. Instead, use mapred
uce.job.reduces
18/02/23 10:50:55 INFO Configuration.deprecation: mapred.min.split.size is deprecated. Instead, use mapr
educe.input.fileinputformat.split.minsize
18/02/23 10:50:55 INFO Configuration.deprecation: mapred.reduce.tasks.speculative.execution is deprecate
d. Instead, use mapreduce.reduce.speculative
18/02/23 10:50:55 INFO Configuration.deprecation: mapred.min.split.size.per.node is deprecated. Instead,
use mapreduce.input.fileinputformat.split.minsize.per.node
18/02/23 10:50:55 INFO Configuration.deprecation: mapred.input.dir.recursive is deprecated. Instead, use
 mapreduce.input.fileinputformat.input.dir.recursive
18/02/23 10:50:55 INFO Configuration.deprecation: mapred.min.split.size.per.rack is deprecated. Instead,
use mapreduce.input.fileinputformat.split.minsize.per.rack
18/02/23 10:50:55 INFO Configuration.deprecation: mapred.max.split.size is deprecated. Instead, use mapr
educe.input.fileinputformat.split.maxsize
18/02/23 10:50:55 INFO Configuration.deprecation: mapred.committer.job.setup.cleanup.needed is deprecate
d. Instead, use mapreduce.job.committer.setup.cleanup.needed

Logging initialized using configuration in file:/root/apache-hive-1.2.1-bin/conf/hive-log4j.properties
hive>
```

图 6-1　Hive CLI 启动

3．优化 Hive

默认的元数据库为 Derby，为了避免使用默认的 Derby 数据库（有并发访问和性能的问题），通常还需要进行配置元数据库为 MySQL 的操作。

（1）在 Hive 主目录下的 conf 目录中修改 XML 配置：

```
root@master:conf# pwd
/root/apache-hive-1.2.1-bin/conf/
root@master:conf# cp hive-default.xml.template hive-site.xml
root@master:conf# cp hive-log4j.properties.template hive-log4j.properties
```

上述命令将目录下带有 .template 后缀的模板文件复制一份变成不带 .template 的配置文件。注意，hive-default.xml.template 要复制两份，一份是 hive-default.xml，另一份是 hive-site.xml。其中 hive-site.xml 为用户自定义配置，hive-default.xml 为全局配置。Hive 启动时，hive-site.xml 自定义配置会覆盖 hive-default.xml 全局配置的相同配置项。

执行 ls 命令查看 conf 目录下 Hive 的相关配置文件，如图 6-2 所示。

```
root@master:~/apache-hive-1.2.1-bin/conf# ls -l
total 528
-rw-rw-r-- 1 root root   1139 Apr 30  2015 beeline-log4j.properties.template
-rw-r--r-- 1 root root 168431 May 24  2017 hive-default.xml
-rw-rw-r-- 1 root root 168431 Jun 19  2015 hive-default.xml.template
-rw-rw-r-- 1 root root   2378 Apr 30  2015 hive-env.sh.template
-rw-rw-r-- 1 root root   2662 Apr 30  2015 hive-exec-log4j.properties.template
-rw-r--r-- 1 root root   3047 May 24  2017 hive-log4j.properties
-rw-rw-r-- 1 root root   3050 Apr 30  2015 hive-log4j.properties.template
-rw-r--r-- 1 root root 168353 May 25  2017 hive-site.xml
-rw-rw-r-- 1 root root   1593 Apr 30  2015 ivysettings.xml
```

图 6-2　Hive 的配置文件

（2）修改配置文件 hive-site.xml：

```
#vim hive-site.xml（打开配置文件添加如下内容）
<property>
   <name>hive.exec.scratchdir</name>
   <value>/tmp/hive</value>
 </property>
 <property>
   <name>hive.metastore.warehouse.dir</name>
   <value>/user/hive/warehouse</value>
 </property>
 <property>
   <name>hive.downloaded.resources.dir</name>
   <value>/user/hive/downloaded</value>
 </property>
 <property>
   <name>hive.exec.local.scratchdir</name>
   <value>/user/hive/scratchdir</value>
 </property>
```

其中，hive.exec.local.scratchdir 和 hive.downloaded.resources.dir 这两项属性对应的目录是指本地目录，必须先手动建好，创建目录的命令如下所示：

```
root@master:conf# mkdir -p /user/hive/scratchdir
root@master:conf# mkdir -p /user/hive/downloaded
```

hive.exec.scratchdir 和 hive.metastore.warehouse.dir 这两项目录为 hdfs 中的目录，Hive 启动时会自动创建。如果自动创建失败，也可以手动通过 Shell 在 hdfs 中创建，命令如下所示：

```
hadoop fs -mkdir -p /tmp/hive
hadoop fs -mkdir -p /user/hive/warehouse
```

（3）配置文件 hive-log4j.properties：

```
#vim hive-log4j.properties
hive.log.dir=/user/hive/log/${user.name}
```

此项配置的是当 Hive 运行时相应的日志文档存储到哪个目录。

```
hive.log.file=hive.log
```

hive.log 是 Hive 日志文件的名字，使用默认的就可以。只要能认出是日志文件就可以，其目录要手动建立，命令如下所示：

```
root@master:conf# mkdir -p /user/hive/log
```

4. 替换 hadoop-2.6.5 中的 jline jar 包

书中 Hive 的搭建是基于 hadoop-2.6.5 版本，由于 hive-1.2.1 自带的 jline 包跟 hadoop-2.6.5 自带的版本不一致，因此需要用 $HIVE_HOME/lib/jline-2.12.jar 这个文件替换 $HADOOP_ HOME/share/hadoop/yarn/lib 下原来的版本（即将旧版本删除，复制新版本到此目录），否则 Hive 启动将失败。

5. 配置 MySQL 存储 Hive 元数据

（1）MySQL 存储配置。此种模式下是将 Hive 的元数据存储在 MySQL 中。MySQL 的运行环境支撑双向同步或是集群工作环境，这样的话，至少两台数据库服务器上会备份 Hive 的元数据。安装 MySQL 后，执行 apt-get install mysql-server，然后进入 MySQL 数据库中给 Hive 用户授权以便 Hive 能够访问 MySQL 数据库中的 Hive 元数据，如下所示：

```
# mysql -u root -p
mysql> create user 'hive'@'%' identified by 'hive';
mysql> grant all privileges on *.* to 'hive'@'%' with grant option;
mysql> flush privileges;
```

之后，在目录 /etc/mysql 下找到 my.cnf 配置文件，用 Vim 编辑，找到 my.cnf 里面的 bind- address = 127.0.0.1 将其注释。打开配置文件，如下所示：

```
# vim /etc/mysql/my.cnf
```

注释其中如下的这行，否则不能远程连接 MySQL。

```
#bind-address = 127.0.0.1
```

创建 Hive 元数据对应的数据库 hive 并修改数据编码，如下所示：

```
mysql> use mysql;
mysql> select host, user from user;
mysql> create database hive;
mysql> use hive;
mysql> show variables like 'character_set_%';
mysql> alter database hive character set latin1;
```

重启 MySQL 服务代码如下：

```
# /etc/init.d/mysql stop
# /etc/init.d/mysql start
```

（2）修改配置文件 hive-site.xml：

```
# vim hive-site.xml
  <property>
    <name>javax.jdo.option.ConnectionURL</name>
    <value>jdbc:mysql://MySQL数据库所在服务器的IP:3306/hive</value>
    <description>JDBC connect string for a JDBC metastore</description>
  </property>
  <property>
```

```
        <name>javax.jdo.option.ConnectionUserName</name>
        <value>hive</value>
    </property>
<property>
        <name>javax.jdo.option.ConnectionPassword</name>
        <value>hive</value>
    </property>
    <property>
        <name>javax.jdo.option.ConnectionDriverName</name>
        <value>com.mysql.jdbc.Driver</value>
    </property>
```

（3）MySQL 驱动包。下载 mysql-connector-java-5.1.18-bin.jar 文件并将其放到 $HIVE_HOME/lib 目录下。使用 wget 命令下载 mysql-connector-java-5.1.18.tar.gz 包并且解压缩软件包，如下所示：

```
# tar -zxvf mysql-connector-java-5.1.18.tar.gz
```

将 mysql-connector-java-5.1.18-bin.jar 复制到 Hive 主目录下的 lib 目录，如下所示：

```
# cp mysql-connector-java-5.1.18/mysql-connector-java-5.1.18-bin.jar  ./lib
```

6. 启动 Hive

启动 Hive，如下所示：

```
root@master:/# hive
```

6.2　Hive 访问

1. 直接执行 HiveQL 语句

执行 HiveQL 语句：

```
# hive -e 'select * from t1'
```

在执行 HiveQL 语句的时候可以设置静音模式，静音模式下不会显示 MapReduce 的操作过程，如下所示：

```
# hive -S -e 'select * from t1'
```

执行 HiveQL 时可以导出数据到 Linux 本地目录，如下所示：

```
# hive -e 'select * from t1' > test.txt
```

也可以将 HiveQL 语句写入文件中，直接运行 hql 文件，如下所示：

```
# hive -f /tmp/queries.hql
```

当然在 Hive Shell 中可以使用 source 命令来执行一个脚本文件，如下所示：

```
# cat /tmp/queries.hql
select * from mytable limit 1;
# hive  --启动Hive
hive> source /tmp/queries.hql;
```

在 Hive Shell 中也可以执行 Linux Shell 命令，因此用户不需要退出 Hive CLI 就可以执行简单的 bash shell 命令。只要在命令前加上 "!" 并且以分号（;）结尾就可以,如下所示：

```
hive> !/bin/echo "hello, world!";
"hello, world";
```

2. Hive 启动 Web 界面

首先需要下载一个 hwi.war 包，这里我们去 Hive 的源码包中打包一个自己的 hwi.war

包，具体操作如下所示：

```
# tar -zxvf apache-hive-1.2.1-src.tar.gz
# cd apache-hive-1.2.1-src/hwi
# jar cvfM0 hive-hwi-my.war -C web/ .
# mv hive-hwi-my.war /root/apache-hive-1.2.1-bin/hive-hwi-my.war
```

修改配置文件 hive-site.xml，内容如图 6-3 所示。

```
# cd $HIVE_HOME/conf
# vim hive-site.xml
```

```
  <property>
    <name>hive.hwi.listen.host</name>
    <value>0.0.0.0</value>
    <description>This is the host address the Hive Web Interface will listen o
n</description>
  </property>
  <property>
    <name>hive.hwi.listen.port</name>
    <value>9999</value>
    <description>This is the port the Hive Web Interface will listen on</descr
iption>
  </property>
  <property>
    <name>hive.hwi.war.file</name>
    <value>lib/hive-hwi-my.war</value>
    <description>This sets the path to the HWI war file, relative to ${HIVE_HO
ME}. </description>
  </property>
```

图 6-3　Hive 启动 Web 的配置

启动 Hive 的 HWI 服务，命令如下所示：

```
# hive --service hwi
```

开启该模式后，可通过浏览器对 Hive 访问和操作，地址为 http://Hive 安装包所在服务器的 IP:9999/hwi/，界面如图 6-4 所示。

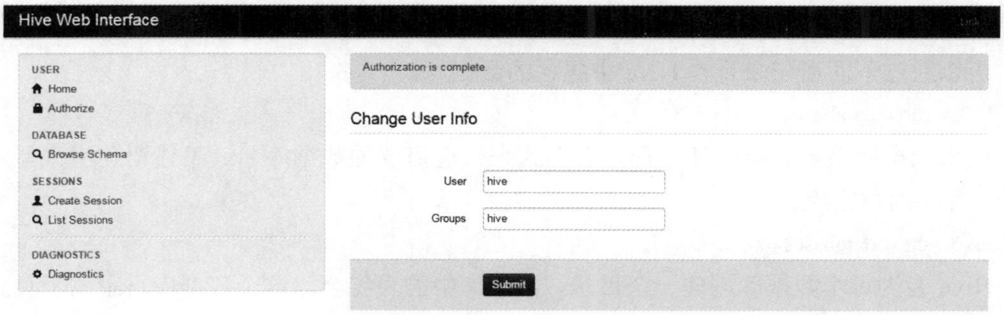

图 6-4　Hive 的 Web 访问界面

3. CLI 访问（直接使用 Hive 交互式模式）

```
# hive                                --启动
hive> quit;                           --退出hive
hive> show databases;                 --查看数据库
hive> create database test;           --创建数据库
hive> use default;                    --使用哪个数据库
hive> create table t1 (key string);   --创建表
```

使用过程中如果出现错误需要调试的话，可以用如下命令：

```
# hive -hiveconf hive.root.logger=DEBUG,console   //重启调试
```

4. Hive 远程服务（端口号 10000）启动方式

这种启动方式支持客户端程序通过 JDBC 或其他连接驱动访问 Hive，具体操作如下所示：

```
# hiveserver2 start
```

这种方式启动 hiveserver2 的用户为 Hive，运行 MapReduce 的用户也为 Hive，如果没有 Hive 用户则不能使用。停止服务：Ctrl+C。

```
# hive --service hiveserver2 --hiveconf hive.server2.thrift.port=10001 &   --后台启动
```

这种方式启动 hive-server2 的用户为 root，运行 MapReduce 的用户也为 root。停止服务：Ctrl+C。

6.3 Hive 基本操作

6.3.1 Hive CLI 命令行操作讲解

1. Hive CLI 常用命令汇总

HiveQL 是 Hive 查询语言，它不完全遵守任何一种 ANSI SQL 标准的修订版。Hive 不支持行级插入操作、更新操作和删除操作，Hive 也不支持事务。Hive 中数据库的概念本质上是表的一个目录或者命名空间，对于有很多组和用户的大集群来说，这样可以避免表命名冲突。如果用户没有显式地指定数据库，那么将会使用默认的数据库 default。下面介绍如何创建一个数据库，具体命令如下所示：

```
hive> create database financial;
```

如果数据库 financial 已经存在，将会抛出一个错误信息。使用下面的语句可以避免这种情况下抛出错误信息。

```
hive> create database financial if not exists financial;
```

可以通过下面语句来查看 Hive 中包含的数据库。

```
hive> show databases;
```

如果数据库很多，可以使用正则表达式来筛选需要的数据库名。下述语句用来显示以字母 f 开头的数据库。

```
hive> show databases like 'f.*';
```

Hive 会为每个数据库创建一个目录，数据库中的表将会以这个数据库目录的子目录形式存储。唯一的例外是 default 数据库中的表，因为这个数据库本身没有自己的目录。数据库所在目录位于属性 hive.metastore.warehouse.dir 所指定的位置。假设用户将这个属性的值设置为 /user/hive/warehouse，那么当创建数据库 financial 时，Hive 将会对应地创建一个目录 /user/hive/warehouse/financial.db。注意，数据库的文件目录名是以 .db 结尾的。用户可以通过如下命令来修改这个默认的位置：

```
hive> create database financial location '/user/hive/mywarehouse';
```

用户也可以给这个数据库增加一个描述信息（注释信息），语句如下所示：

```
hive> create database financial comment 'holds all financial tables';
```

可以通过如下语句来查看数据库的描述信息：

```
hive> describe database financial;
```

语句执行后的输出信息如图 6-5 所示。

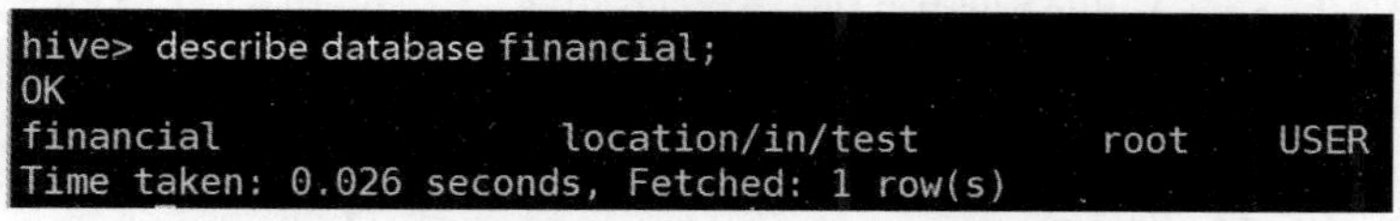
hive> describe database financial;
OK
financial location/in/test root USER
Time taken: 0.026 seconds, Fetched: 1 row(s)

图 6-5 describe 命令的输出结果

创建数据库并且添加扩展信息，具体操作如下所示：

```
hive> create database financial
  > with dbproperties ('creator' = 'hive', 'date' = '2018-2-23');
```

查看数据库的扩展描述信息，具体操作如下所示：

```
hive> describe database extended financial;
```

可以通过下面的语句来切换数据库。

```
hive> use financial;
hive> use default;
```

可以通过变量设置来显示当前数据库的名称，具体操作如下所示：

```
hive> set hive.cli.print.current.db=true;
```

当设置完成后，在 Hive CLI 中会显示当前数据库的名称，如图 6-6 所示。

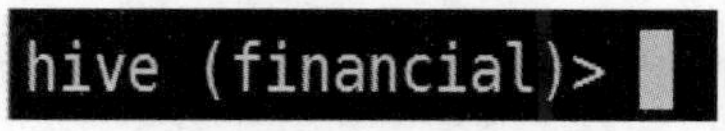
hive (financial)>

图 6-6 Hive CLI 中显示当前数据库名称

删除数据库语句如下所示：

```
hive> drop database if exists financial;
```

默认情况下，Hive 不允许删除一个包含表的数据库。要么先删除数据库中所有的表再删除数据库，要么在删除数据库的命令后面加上关键字 cascade，如下所示：

```
hive> drop database if exists financial cascade;
```

修改数据库，用户可以使用 alter database 命令为某个数据库的 dbproperties 设置键值对属性值进而来描述这个数据库的属性信息。但数据库的其他元数据都不可更改，包括数据库名和数据库所在目录位置。命令格式见下描述，修改后的数据库描述如图 6-7 所示。

```
hive> alter database financial set dbproperties ('created by' = 'bjqg');
```

hive (financial)> describe database extended financial;
OK
financial location/in/test root USER {creator=Mark Moneybags
, date=2015-12-31}
Time taken: 0.022 seconds, Fetched: 1 row(s)
hive (financial)> alter database financial set DBPROPERTIES ('created by' = 'bjqg');
OK
Time taken: 0.026 seconds
hive (financial)> describe database extended financial;
OK
financial location/in/test root USER {created by=bjqg, creat
or=Mark Moneybags, date=2015-12-31}
Time taken: 0.02 seconds, Fetched: 1 row(s)

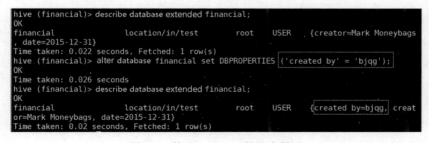

图 6-7 修改 financial 数据库描述

如果使用 formatted 替代关键字 extended，可以得到更多的输出信息，具体操作如下所示：

```
hive> describe database formatted financial;
```

2. Hive CLI 详解

Hive CLI 中不支持 Linux Shell 的管道功能和文件名的自动补全功能。例如，"! ls *.hql"这个命令表示的是查找名为 *.hql 的文件，而不是显示以 .hql 结尾的所有文件。

（1）在 Hive 内使用 Hadoop 的 dfs 命令。用户可以在 Hive CLI 中执行 Hadoop 的 dfs 命令，只需要将 Hadoop 命令中的关键字 hadoop 去掉，然后以分号结尾就可以了，如下所示：

```
hive> dfs -ls /;
found 2 items
drwxr-xr-x   -   root supergroup   0   2017-11-06   12:00   /flag
drwxr-xr-x   -   root supergroup   0   2017-11-07   15:00   /user
```

（2）Hive 命令总结。表 6-1 给出了 Hive 的命令与描述。

表 6-1　Hive 命令与描述

命令	描述
quit exit	退出交互式 Shell
reset	重置配置为默认值
set <key>=<value>	修改特定变量的值。注意：如果变量名拼写错误，不会报错
set	输出用户覆盖的 Hive 配置变量
set -v	输出所有 Hadoop 和 Hive 的配置变量
add FILE[S] <filepath> <filepath>* add JAR[S] <filepath> <filepath>* add ARCHIVE[S] <filepath> <filepath>*	添加一个或多个 file、jar、archives 到分布式缓存
list FILE[S] list JAR[S] list ARCHIVE[S]	输出已经添加到分布式缓存的资源
list FILE[S] <filepath>* list JAR[S] <filepath>* list ARCHIVE[S] <filepath>*	检查给定的资源是否添加到分布式缓存
delete FILE[S] <filepath>* delete JAR[S] <filepath>* delete ARCHIVE[S] <filepath>*	从分布式缓存删除指定的资源
! <command>	从 Hive Shell 执行一个 Shell 命令
dfs <dfs command>	从 Hive Shell 执行一个 DFS 命令
<query string>	执行一个 Hive 查询，然后输出结果到标准输出
source FILE <filepath>	在 CLI 里执行一个 Hive 脚本文件

（3）Hive 所提供的选项列表。

```
# hive --help --service cli
```

Hive 选项列表展示如图 6-8 所示。

（4）Hive 变量和属性。

--define key=value 实际上和 --hivevar key=value 是等价的。二者都可以让用户在命令行定义用户自定义变量以便在 Hive 脚本中引用来满足不同情况的执行，只有 Hive v0.8.0 版本和它之后的版本才支持这个功能。

```
16/03/07 20:52:47 INFO Configuration.deprecation: mapred.committer.job.setup.cleanup.ne
eded is deprecated. Instead, use mapreduce.job.committer.setup.cleanup.needed
usage: hive
 -d,--define <key=value>          Variable subsitution to apply to hive
                                  commands. e.g. -d A=B or --define A=B
     --database <databasename>    Specify the database to use
 -e <quoted-query-string>         SQL from command line
 -f <filename>                    SQL from files
 -H,--help                        Print help information
    --hiveconf <property=value>   Use value for given property
    --hivevar <key=value>         Variable subsitution to apply to hive
                                  commands. e.g. --hivevar A=B
 -i <filename>                    Initialization SQL file
 -S,--silent                      Silent mode in interactive shell
 -v,--verbose                     Verbose mode (echo executed SQL to the
                                  console)
```

图 6-8　Hive 选项列表展示

当用户使用这个功能时，Hive 会将这些键值对放到 hivevar 命名空间，这样可以和其他三种内置命名空间（也就是 hiveconf、system 和 env）进行区分。Hive 中变量和属性命名空间见表 6-2。

表 6-2　Hive 中变量和属性命名空间

命令空间	使用权限	描述
hivevar	可读 / 可写	（Hive v0.8.0 以及之后版本）用户自定义变量
hiveconf	可读 / 可写	Hive 相关的配置属性
system	可读 / 可写	Java 定义的配置属性
env	只可读	Shell 环境（例如 bash）定义的环境变量

在 CLI 中，可以使用 set 命令输出或者修改变量值，下述命令可进行查看。

```
hive> set;
... 非常多的输出信息 ...
hive> set -v;
... 更多的输出信息 ...
```

在 env 命名空间中操作时，对于环境变量只提供可读权限。下述命令为输出 Shell 环境中 HOME 变量的值，命令结果如图 6-9 所示。

```
# hive
hive> set env:HOME
```

```
hive> set env:HOME;
env:HOME=/root
```

图 6-9　Hive 中得到 HOME 路径

如果不加 -v 标记，set 命令会打印出命名空间 hivevar、hiveconf、system 和 env 中所有的变量；使用 -v 标记，则还会打印 Hadoop 中所定义的所有属性，例如控制 HDFS 和 MapReduce 的属性。

set 命令还可以用于给变量赋新的值，在 hivevar 中操作，具体操作如下所示：

```
# hive --define foo=bar
hive> set foo;
foo=bar;
hive> set hivevar:foo;
hivevar:foo=bar;
```

```
hive> set hivevar:foo=bar2;
hive> set foo;
foo=bar2
hive> set hivevar:foo;
hivevar:foo=bar2
```

set 命令甚至可以增加新的 hiveconf 属性，在 hiveconf 中操作，具体操作如下所示：

```
# hive --hiveconf y=5
hive> set y;
y=5
hive> create table whatsit(i int);
hive> ... 装载数据到表whatsit中 ...
hive> select * from whatsit where i = ${hiveconf:y};
```

在 system 命名空间中操作时，Java 系统属性对这个命名空间内容具有可读可写权限，具体命令如下所示：

```
hive> set system:user.name;
system:user.name=root
hive> set system:user.name=newname;
system:user.name=newname
hive> set system:user.name;
```

Hive 中 set 命令的其他操作如下所示：

```
hive> set hive.cli.print.header=true;                    //开启打印列名功能
hive> set hive.cli.print.row.to.vertical=true;           //开启行转列功能，前提是必须开启打印列名功能
hive> set hive.cli.print.row.to.vertical.num=1;          //设置每行显示的列数
```

6.3.2　Hive 的数据类型

1．简单数据类型

（1）支持的数据类型（书写不区分大小写）。

tinyint：1 byte 有符号整数。

smallint：2 byte 有符号整数。

int：4 byte 有符号整数。

bigint：8 byte 有符号整数。

boolean：布尔类型。

float：单精度浮点数。

double：双精度浮点数。

string：字符串。

timestamp：整数、浮点数或字符串。

binary：字节数组。

timestamp：日期时间。

（2）特别说明。

timestamp 如果为整数，表示"1970-01-01 00:00:00"的秒数；如果为浮点数，"1970-01-01 00:00:00"的秒数精确到纳秒（小数点后保留 9 位数）；如果为字符串，则格式为"YYYY-MM-DD hh:mm:ss.fffffffff"。

timestamp 表示的是 UTC 时间，Hive 提供了不同时区相互转换的内置函数：to_utc_

timestamp() 和 from_utc_timestamp()

binary 可以在记录中包含任意字节，这样可以防止 Hive 尝试将其作为数字、字符串等进行解析。

2. 复杂数据类型简介

（1）struct。和 C 语言中的 struct 对象类似，都可以通过 "." 符号访问元素内容。例如，如果某个列的数据类型是 struct{first,last}，那么第一个元素可通过字段名 .first 来引用。

（2）map。例如，有一个 map 的键值对为 'first'->'name'，则可通过字段名 ['first'] 来访问该元素。

（3）array。数组值为 ['name']，那么第一个元素可通过数组名 [0] 来访问。

下面是一个创建表的语句示例：

```
hive> create table employee (name string,age tinyint,salary float,subordinates array<string>,address struct
    <country:string,province:string,city:string,street:string>);
```

3. 其他

Hive 中默认的记录和字段分隔符。\n 表示每行都是一条记录；^A（Ctrl+A）用于分隔字段（列），在 create table 语句中可以使用八进制编码 \001 表示；^B（Ctrl+B）用于分隔 array 或 struct 中的元素，或用于 map 中键值对之间的分隔，在 create table 语句中可以使用八进制编码 \002 表示；^C（Ctrl+C）用于 map 中键值对之间的分隔，在 create table 语句中可以使用八进制编码 \003 表示。案例如下：

```
hvie> create table employee (name string,age tinyint,salary float,subordinates array<string>,address  struct
    <country:string,province:string,city:string,street:string>)
row format delimited
fields terminated by '\001'
collection items terminated by '\002'
map keys terminated by '\003'
lines terminated by '\n'
stored as textfile;
```

其中，row format delimited 这组关键字必须要写在其他字句（除了 stored as ...）之前。

6.3.3 Hive 表的创建

1. 表的创建方式

（1）启动 Hive。

```
# hive
```

（2）创建表及表结构。

```
hive> create table pokes (foo int, bar string);
hive> alter table pokes add columns (new_col int);
hive> show tables;
hive> describe pokes;
```

（3）创建一般内部表。

```
hvie> create table myuser (id int,name string)
comment 'This is the page view table'
row format delimited fields terminated by '\t'
stored as SequenceFile;  --stored as textfile;默认以该方式存储
```

Hive 表的数据可以存成多种文件格式，最常用的是 TextFile，但是性能比较好的是

SequenceFile 格式。SequenceFile 是一种二进制文件，文件内的内容组织形式为 key:value。Hadoop 有一个优化场景可以使用 SequenceFile，通常在小文件合并成大文件的时候会采用 SequenceFile。例如读一个小文件，就把小文件的文件名作为 key、内容作为 value 追加到一个大 SequenceFile 文件中。SequenceFile 文件格式支持较好的压缩性能，而且 Hadoop 的 MapReduce 程序可以直接从 SequenceFile 的压缩文件中读取数据。

2. 简述创建表

create table 语句遵循 SQL 语法。语句如下所示：

```
hive> create table if not exists financial.employee (
  name string comment 'Employee name',
  salary float comment 'Employee salary',
  subordinates array<string> comment 'Names of subordinates',
  deductions map<string, float>
      comment 'Keys are deductions names, values are percentages',
  address struct<street:string, city:string, state:string, zip:int>
      comment 'Home address')
comment 'Description of the table'
tblproperties ('creator'='me', 'created_at'='2012-01-02 10:00:00');
```

用户若只想查看某一列的信息，那么只要在表名后增加这个字段的名称即可。这种情况下，使用 extended 关键字也不会增加更多的输出信息，如图 6-10 所示。

```
hive (financial)> describe extended employee.salary;
OK
salary                    float                    from deserializer
Time taken: 0.085 seconds, Fetched: 1 row(s)
```

图 6-10　employee 表中 salary 字段描述

创建表的同时复制表结构，如下所示：

```
hive> create table if not exists financial.employee_copy LIKE financial.employee;
```

显示某个数据库中的表，如下所示：

```
hive> use financial;
hive> show tables;
employee
employee_copy
```

当然，即使不在 financial 数据库下也可以列举该数据库的表，如下所示：

```
hive> drop database if exists financial;
hive> use default;
hive> show tables in financial;
employee
employee_copy
```

同样地，也可以使用正则表达式过滤出所需要的表名，如下所示：

```
hive> use financial;
hive> show tables like 'emp.*';
```

6.3.4　Hive 数据导入

1. 从本地文件系统中导入数据到 Hive 表

（1）准备数据（/home/hiveclass/input/baseoperation_4_1.data）。

```
# pwd
/home/hiveclass/input
# vim baseoperation_4_1.data
1,wyp,25,13188888888
2,test,30,13899999999
3,zs,34,89931412
```

（2）创建 Hive 表。

```
hive> create database hiveclass;
hive> use hiveclass;
hive> drop table if exists baseoperation_4_1_1;
hive> create table if not exists baseoperation_4_1_1(id int,name string,age int,tel string)
row format delimited
fields terminated by ','
stored as textfile;
```

（3）从本地文件系统中导入数据到 Hive 表。

```
hive> load data local inpath '/home/hiveclass/input/baseoperation_4_1.data' into table
baseoperation_4_1_1;
```

（4）可以到 baseoperation_1-1 表的数据目录下查看，命令如下所示：

```
hive> dfs -ls /user/hive/warehouse/hiveclass.db/baseoperation_4_1_1;
```

2．从 HDFS 上导入数据到 Hive 表

（1）首先在 HDFS 中创建 /hiveclass/input 目录存放 HDFS 文件。

```
# hadoop fs -mkdir -p /hiveclass/input;
```

（2）把本地文件上传到 HDFS 中并重命名为 test_hdfs.data。

```
#hadoop fs –put /home/hiveclass/hive/baseoperation_4_1.data /hiveclass/input/test_hdfs.data;
```

（3）创建表。

```
hive> drop table if exists baseoperation_4_1_2;
hive> create table if not exists baseoperation_4_1_2(id int, name string, age int, tel string)
row format delimited
fields terminated by ','
stored as textfile;
```

（4）查看文件。

```
hive> dfs -cat /hiveclass/input/test_hdfs.data;
```

test_hdfs.data 文件内容如图 6-11 所示。

```
hive> dfs -cat /hiveclass/input/test_hdfs.data
1,wyp,25,13188888888
2,test,30,1389999999
3,zs,34,89931412
```

图 6-11　test_hdfs.data 文件内容

（5）将内容导入 Hive 表中。

复制"本地数据"到"Hive"，使用 load data local 命令。

转移"HDFS"到"Hive"（必须同一个集群），使用 load data 命令。

其中，overwrite 是覆盖，into 是追加，具体操作如下所示：

```
hive> load data inpath '/hiveclass/input/baseoperation_4_1.data' into table baseoperation_4_1_2;
hive> load data inpath '/hiveclass/input/baseoperation_4_1.data' overwrite table baseoperation_4_1_2;
```

3．从其他的 Hive 表中导入数据到 Hive 表中

```
hive> create table if not exists baseoperation_4_1_3(id int,name string,age int,tel string)
row format delimited
fields terminated by ','
stored as textfile;
```

（1）单表操作。

```
hive> insert into table baseoperation_4_1_3 select id,name,age,tel from baseoperation_4_1_2;
hive> insert overwrite table baseoperation_4_1_3 select id,name,age,tel from baseoperation_4_1_2;
```

（2）多表插入。这种方式高效，查询语句得到的数据插入到多个分区，具体操作如下所示：

```
hive> from baseoperation_4_1_1 base
insert overwrite table baseoperation_4_1_2
 select base.id, base.name, base.age, base.tel where base.age = 25
insert overwrite table baseoperation_4_1_3
select base.id, base.name, base.age, base.tel where base.age = 30;
```

4．创建 Hive 表的同时导入查询数据

```
hive> create table baseoperation_4_1_4
> as select id, name, tel, age from baseoperation_4_1_1;
hive> create table baseoperation_4_1_4 like baseoperation_4_1_1; --仅仅建立表结构，不产生数据
hive>create table baseoperation_4_1_4 as select id,name,tel from baseoperation_4_1_1 where age = 25;
```

6.3.5　Hive 数据导出

1．操作准备数据源

```
hive> drop table if exists baseoperation_4_2_1;
hive> create table baseoperation_4_2_1
> as select id, name, tel, age from baseoperation_4_1_1;
```

2．复制文件

如果数据文件恰好是用户需要的格式，那么只需要复制文件或文件夹就可以。

```
# hadoop fs -cp source_path target_path
```

3．导出到本地文件系统

不能使用 insert into local directory 来导出数据（会报错），只能使用 insert overwrite local directory 来导出数据，具体操作如下所示：

```
hive> insert overwrite local directory '/home/hiveclass/output' select id, name, tel, age from
    baseoperation_4_2_1;
hive> insert overwrite local directory '/home/hiveclass/output'
  > row format delimited fields terminated by ','
  > select id, name, tel, age from baseoperation_4_2_1;
```

当然还可以导出数据到多个输出文件夹，具体操作如下所示：

```
hive> from baseoperation_4_2_1 base
insert overwrite local directory '/home/hiveclass/output/a'
select * where base.age = 30
insert overwrite local directory '/home/hiveclass/output/b'
select * where base.age = 25;
```

4. 导出到 HDFS

和导出到本地文件系统相比，命令中少了一个 local，具体操作如下所示：

```
hive> insert overwrite directory '/hiveclass/output'
  > select id, name, tel, age from baseoperation_4_2_1;
hive> insert overwrite directory '/hiveclass/output'
  > row format delimited fields terminated by ','
  > select id, name, tel, age from baseoperation_4_2_1;
```

5. 导出到 Hive 的另一个表

```
hive> USE hiveclass;
hive> create table baseoperation_4_2_2 like baseoperation_4_2_1;
hive> insert into table baseoperation_4_2_2
> select id, name, tel, age from baseoperation_4_2_1;
```

6. 使用 Hive 的 -e 和 -f 参数命令导出数据

使用 Hive 的 -e 参数，具体操作如下所示：

```
# hive -e "select * from hiveclass.baseoperation_4_2_1" >>
/home/hiveclass/output/baseoperation_4_2_1.txt
```

使用 Hive 的 -f 参数，baseoperation_4_2_2.hql 中为 HiveQL 语句，具体操作如图 6-12 所示。

```
# cd /home/hiveclass/input
# vim baseoperation_4_2_2.hql
#hive –f /home/hiveclass/input/baseoperation_4_2_2.hql >>
/home/hiveclass/output/baseoperation_4_2_2.txt
```

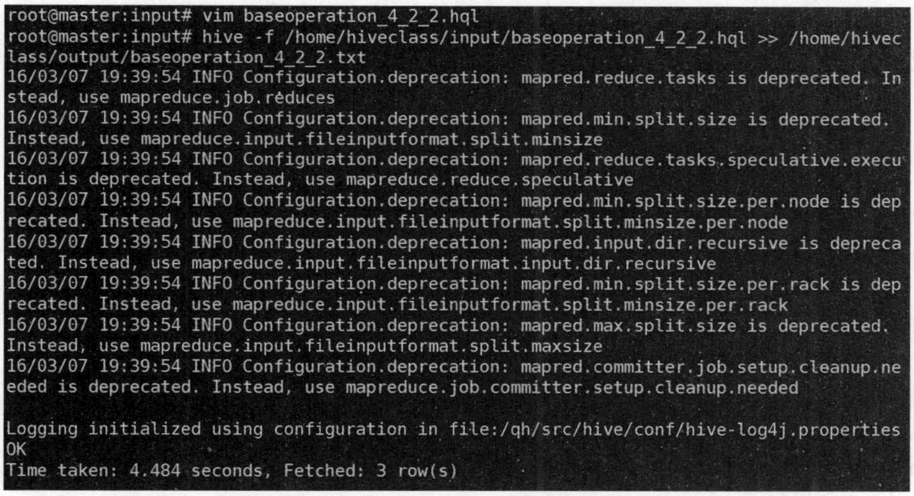

```
root@master:input# vim baseoperation_4_2_2.hql
root@master:input# hive -f /home/hiveclass/input/baseoperation_4_2_2.hql >> /home/hivec
lass/output/baseoperation_4_2_2.txt
16/03/07 19:39:54 INFO Configuration.deprecation: mapred.reduce.tasks is deprecated. In
stead, use mapreduce.job.reduces
16/03/07 19:39:54 INFO Configuration.deprecation: mapred.min.split.size is deprecated.
Instead, use mapreduce.input.fileinputformat.split.minsize
16/03/07 19:39:54 INFO Configuration.deprecation: mapred.reduce.tasks.speculative.execu
tion is deprecated. Instead, use mapreduce.reduce.speculative
16/03/07 19:39:54 INFO Configuration.deprecation: mapred.min.split.size.per.node is dep
recated. Instead, use mapreduce.input.fileinputformat.split.minsize.per.node
16/03/07 19:39:54 INFO Configuration.deprecation: mapred.input.dir.recursive is depreca
ted. Instead, use mapreduce.input.fileinputformat.input.dir.recursive
16/03/07 19:39:54 INFO Configuration.deprecation: mapred.min.split.size.per.rack is dep
recated. Instead, use mapreduce.input.fileinputformat.split.minsize.per.rack
16/03/07 19:39:54 INFO Configuration.deprecation: mapred.max.split.size is deprecated.
Instead, use mapreduce.input.fileinputformat.split.maxsize
16/03/07 19:39:54 INFO Configuration.deprecation: mapred.committer.job.setup.cleanup.ne
eded is deprecated. Instead, use mapreduce.job.committer.setup.cleanup.needed

Logging initialized using configuration in file:/qh/src/hive/conf/hive-log4j.properties
OK
Time taken: 4.484 seconds, Fetched: 3 row(s)
```

图 6-12　调用外部 HiveQL 语句文件

执行后，得到的数据如图 6-13 所示。

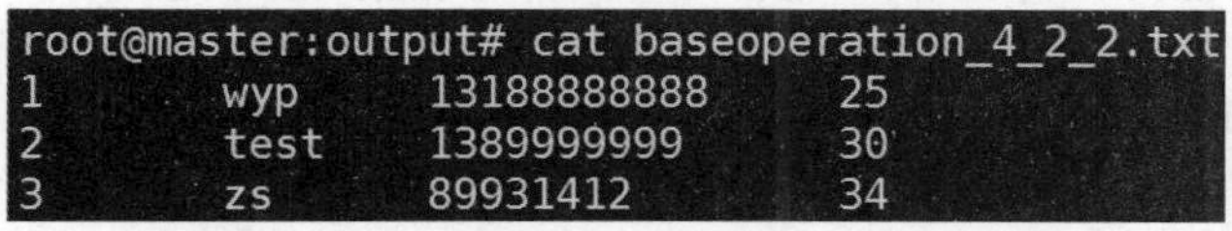

```
root@master:output# cat baseoperation_4_2_2.txt
1       wyp     13188888888     25
2       test    1389999999      30
3       zs      89931412        34
```

图 6-13　执行 HiveQL 文件得到的数据

6.4 Hive 数据定义

6.4.1 内部表与外部表的区别

内部表与外部表的对比，见表 6-3。

表 6-3 内部表与外部表的对比

表类型	语句	是否复制数据到 HDFS	删除表时是否删除数据
内部表	create table	是	是
外部表	create external table	否	否

6.4.2 内部表的创建

1. 准备数据

```
# pwd
/home/hiveclass/input/datadefinition
# ls
datadefinition_4_1.data  datadefinition.txt
```

文件 datadefinition.txt 和 datadefinition_4_1.data 的内容如图 6-14 所示。

```
root@master:datadefinition# cat datadefinition.txt
1       wyp
2       test
3       zs
root@master:datadefinition# cat datadefinition_4_1.data
1       wyp
2       test
3       zs
```

图 6-14 查看文件内容

创建目录 /hiveclass/hivedata/datadefinition，并将上述两个文件上传到该目录，具体命令如下所示：

```
# hadoop fs -mkdir -p /hiveclass/hivedata/datadefinition
# hadoop fs -put /home/hiveclass/input/datadefinition/datadefinition.txt /hiveclass/data/temp  //数据备用
# hadoop fs -put /home/hiveclass/input/datadefinition/datadefinition_4_1.data /hiveclass/hivedata/
    datadefinition
# hadoop fs -ls /hiveclass/hivedata
```

2. 创建表

```
hive> create table datadefinition_4_1_1(id int  comment 'id value', name string)
  > COMMENT 'This is the page view table'
  > row format delimited
  > fields terminated by '\t'
  > lines terminated BY '\n'
  > STORED AS textfile location '/hiveclass/hivedata/datadefinition';   --默认以该方式存储
```

其中 location 在创建表时指定数据在 HDFS 中的位置（可选）。通过 select 语句查询创建的表中的数据，如图 6-15 所示。

```
hive> select * from datadefinition_4_1_1;
```

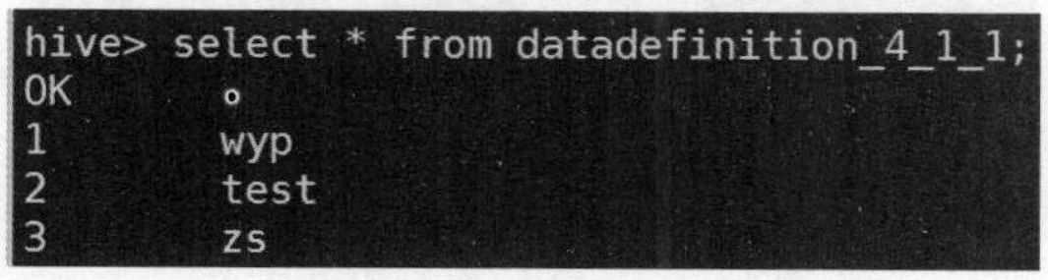

```
hive> select * from datadefinition_4_1_1;
OK
1       wyp
2       test
3       zs
```

图 6-15　查询结果

3. 本地数据加载

加载本地数据的语句格式为：load data local inpath 'localpath' [overwrite] into table tablename，具体操作如下所示：

```
hive> load data local inpath '/home/hiveclass/input/datadefinition' into table datadefinition_4_1_1;
--追加数据到表中
```

然后再查询表中数据，可以发现追加的数据已经存入表中，如图 6-16 所示。

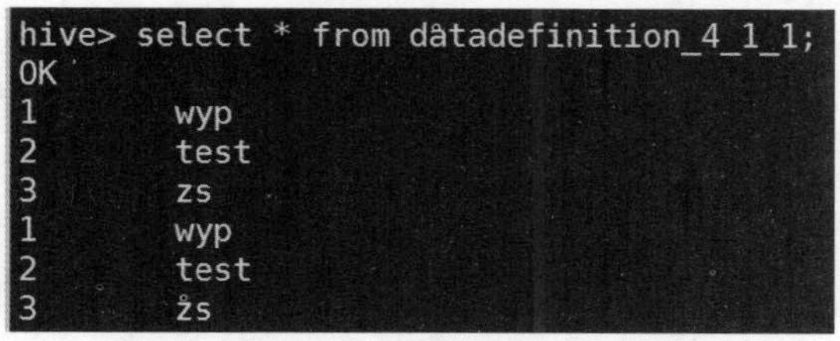

```
hive> select * from datadefinition_4_1_1;
OK
1       wyp
2       test
3       zs
1       wyp
2       test
3       zs
```

图 6-16　查询数据是否追加成功

如果在加载数据时使用 overwrite 参数，那么表中之前的数据会被覆盖，如下所示：

```
hive> load data local inpath '/home/hiveclass/input/datadefinition' overwrite into table
datadefinition_4_1_1;
```

此时再查询数据发现表中存储的数据已经被覆盖，如图 6-17 所示。

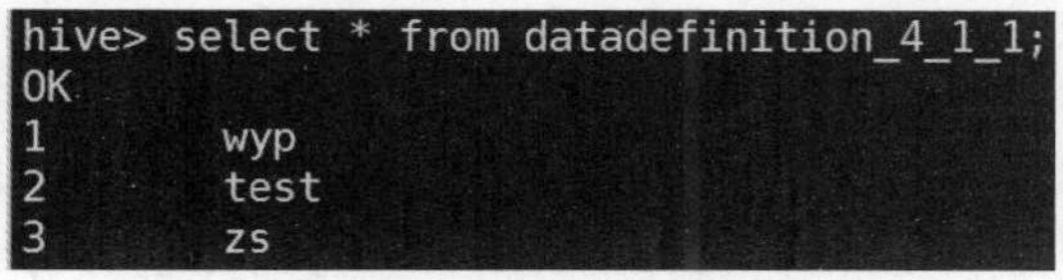

```
hive> select * from datadefinition_4_1_1;
OK
1       wyp
2       test
3       zs
```

图 6-17　查询数据是否被覆盖

4. 加载 HDFS 数据

加载 HDFS 数据其实是移动数据，而不是复制数据，因此语句中的 hdfspath 不能是表所在的 HDFS 父目录，如下所示：

```
load data inpath 'hdfspath' [overwrite] into table tablename
```

追加数据的操作如下所示：

```
hive> load data inpath '/hiveclass/data/temp' into table datadefinition_4_1_1;
```

再次查询数据，结果如图 6-18 所示。

由于加载数据的本质是移动数据文件，因此该目录中的文件已经被移动到 Hadoop 的 /home/hiveclass/hivedata/datadefinition 目录中，如图 6-19 所示。

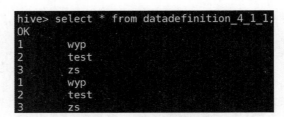

```
hive> select * from datadefinition_4_1_1;
OK
1       wyp
2       test
3       zs
1       wyp
2       test
3       zs
```

图 6-18　查询追加的数据

```
hive> dfs -ls /hiveclass/hivedata/datadefinition;
Found 2 items
-rwxr-xr-x   2 root supergroup          18 2016-03-10 21:25 /hiveclass/hivedata/datadefi
nition/datadefinition.txt
-rw-r--r--   2 root supergroup          18 2016-03-10 21:25 /hiveclass/hivedata/datadefi
nition/datadefinition_4_1.data
```

图 6-19　数据文件移动到表所在的目录

6.4.3　外部表的创建

1. 创建表

创建表时，内部表不用指定数据存放的路径，默认都放在 /user/hive/warehouse/ 下；创建外部表时，要指定 external 关键字，同时要指定数据存放的路径（要分析的数据在哪就指向哪）。内部表删除时会清掉元数据，同时删掉表文件夹以及其中的数据；外部表删除时只清除元数据，具体操作如下所示：

```
hive> create external table if not exists datadefinition_4_1_2(exchanged string, symbol
    string,ymd string,price_open float,price_high float, price_low float, price_close float,volume int,prive_
    adj_ close float)
> row format delimited
> fields terminated by ','
> lines terminated by '\n'
> stored as textfile
> location '/hiveclass/hivedata/datadefinition_external';
```

关键字 extenal 告诉 Hive 这个表是外部表，而后面的 location 子句则用于告诉 Hive 数据位于哪个路径下。因为表是外部的，Hive 并非认为其完全拥有这份数据。因此删除该表并不会删除掉这份数据，不过描述表的元数据信息会被删除。

```
# hadoop fs -put
/home/hiveclass/input/datadefinition_external/NASDAQ_daily_prices_Z.txt /hiveclass/hivedata/
    datadefinition_external
```

将数据放到表对应的路径下，执行查询语句，如图 6-20 所示。

```
hive> select * from datadefinition_4_1_2;
OK
NASDAQ  ZION    1990-05-21      22.87   23.07   22.87   22.87   12800   1.86
NASDAQ  ZION    1990-05-18      22.87   23.37   22.87   22.87   20000   1.86
NASDAQ  ZION    1990-05-17      22.87   23.17   22.87   23.07   115200  1.87
Time taken: 0.117 seconds, Fetched: 3 row(s)
```

图 6-20　查询结果

2. 加载本地数据

加载数据的语句如下所示：

```
load data local inpath 'localpath' [overwrite] into table tablename
hive> load data local inpath '/home/hiveclass/input/datadefinition_external' into table datadefinition_
    4_1_2; --追加数据到表中
```

执行查询语句，查看数据是否追加到表中，如图 6-21 所示。

```
hive> select * from datadefinition_4_1_2;
OK
NASDAQ  ZION    1990-05-21      22.87   23.07   22.87   22.87   12800   1.86
NASDAQ  ZION    1990-05-18      22.87   23.37   22.87   22.87   20000   1.86
NASDAQ  ZION    1990-05-17      22.87   23.17   22.87   23.07   115200  1.87
NASDAQ  ZION    1990-05-21      22.87   23.07   22.87   22.87   12800   1.86
NASDAQ  ZION    1990-05-18      22.87   23.37   22.87   22.87   20000   1.86
NASDAQ  ZION    1990-05-17      22.87   23.17   22.87   23.07   115200  1.87
Time taken: 0.12 seconds, Fetched: 6 row(s)
```

图 6-21　查询追加的数据

加载数据时加入 overwrite 会覆盖表中原有数据，如下所示：

```
hive>load data local inpath '/home/hiveclass/input/datadefinition_external' overwrite into table
    datadefinition_4_1_2;
```

3．加载 HDFS 数据

加载 HDFS 数据其实是移动数据，而不是复制数据，因此语句中的 hdfspath 不能是表所在的 HDFS 父目录，如下所示：

```
load data inpath 'hdfspath' [overwrite] into table tablename
-- 追加数据到表中
hive> load data inpath '/hiveclass/data/temp' into table datadefinition_4_1_2;
-- 覆盖表中数据
hive> load data inpath '/hiveclass/data/temp' overwrite into table
> datadefinition_4_1_2;
```

6.4.4　表的分区与桶的建立

1．表的分区中的静态分区、外部分区与动态分区

Hive 分区实际上是通过一个路径来标识的，而不是存储在物理数据中。比如每天的数据对应的分区是 pt=20121023，那么路径中它就会变成：/hdfs/path/pt=20121023/data_files。通过路径来标识的好处是如果我们需要取特定分区的数据，只需要把这个路径下的数据取出来就可以了，不用扫描全部的数据。

分区是以字段的形式在表结构中存在。通过 describe table 命令可以查看到字段存在，但是该字段不存放实际的数据内容，仅仅是分区的表示。

Hive 默认是静态分区，但是有时候可能需要动态创建不同的分区。比如商品信息，根据它是否在线分成两个分区，这样后续如果想要取在线商品，就只需要从在线的分区获取即可。

（1）静态分区及数据加载。静态分区的建立：

```
hive> create table if not exists datadefinition_4_2_1(id int,name string,tel string)
  > partitioned by(age int)
  > row format delimited
  > fields terminated by ','
  > stored as textfile;
```

查看表结构：

```
hive desc datadefinition_4_2_1;
```

执行结果如图 6-22 所示。

```
hive> desc datadefinition_4_2_1;
OK
id                      int
name                    string
tel                     string
age                     int

# Partition Information
# col_name              data_type               comment

age                     int
Time taken: 0.081 seconds, Fetched: 9 row(s)
```

图 6-22　查看表的分区字段

本地数据加载：数据文件存放在目录 /home/hiveclass/input/datadefinition 中，文件内容如图 6-23 所示。

加载本地数据到表中并指定分区，具体操作如下所示：

```
hive> load data local inpath
>'/home/hiveclass/input/datadefinition/datadefinition_4_2.data' into table
  > datadefinition_4_2_1 partition(age='26');
```

```
root@master:datadefinition# cat datadefinition_4_2.data
1,wyp,25,13188888888
2,test,30,1389999999
3,zs,34,89931412
```

图 6-23　数据文件内容

显示分区：

```
show partitions datadefinition_4_2_1
```

执行结果如图 6-24 所示。

```
hive> show partitions datadefinition_4_2_1;
OK
age=26
Time taken: 0.081 seconds, Fetched: 1 row(s)
```

图 6-24　查看表的分区

从查询语句中数据加载：

```
hive> insert overwrite table datadefinition_4_2_1 partition(age='25') select id,name,tel from
baseoperation_4_1_1;
```

（2）外部分区及数据加载。外部分区的建立：

```
create external table if not exists datadefinition_4_2_2(name string,addr string ) partitioned by (dt string)
row format delimited fields terminated by '\t'
lines terminated by '\n'
stored as textfile
location '/home/hiveclass/input/datadefinition/external_partitioned/';
```

查看表结构：

```
hive desc datadefinition_4_2_2;
```

执行结果如图 6-25 所示。

```
hive> desc datadefinition_4_2_2;
OK
name                    string
addr                    string
dt                      string

# Partition Information
# col_name              data_type              comment

dt                      string
Time taken: 0.075 seconds, Fetched: 8 row(s)
```

图 6-25　查看分区表表结构

执行查询语句 select * from datadefinition_4_2_2 后并没有数据，这是因为此时还不满足分区表相应的目录格式，需要把数据文件上传或者复制到分区表对应的目录下，具体操作如下所示：

```
#hadoop fs -put
/home/hiveclass/input/datadefinition/external_partitioned/datadefinition_4_3.data  /home/hiveclass/input/
    datadefinition/external_partitioned/dt=20160301
--注意是复制到表对应的分区目录
```

或将本地目录中所有文件复制到 HDFS 文件系统中，如下所示：

```
# hadoop fs -copyFromLocal
/home/hiveclass/input/datadefinition/external_partitioned/ /home/hiveclass/input/datadefinition/external_
    partitioned/dt=20160301
```

执行 select * from datadefinition_4_2_2，仍然没有数据，因为虽然满足分区表相应的目录格式，但是表中没有添加相应的分区，查不到分区相关信息。因此需要执行如下操作，然后执行查询语句，就可以看到表中的数据了，如图 6-26 所示。

```
alter table datadefinition_4_2_2 add partition(dt='20160301');
show partitions datadefinition_4_2_2;
select * from datadefinition_4_2_2;
```

```
hive> select * from datadefinition_4_2_2;
OK
1       liujiannan      20160301
2       wangchaoqun     20160301
3       xuhongxing      20160301
4       zhudaoyong      20160301
5       zhouchengyu     20160301
Time taken: 0.107 seconds, Fetched: 5 row(s)
```

图 6-26　查询表中数据

注意：外部分区表需要添加分区才能看到数据。

本地数据加载：

```
hive> load data local inpath
 >'/home/hiveclass/input/datadefinition/external_partitioned/datadefinition_4_3.data'
 > into table datadefinition_4_2_2 partition(dt='2016030101');
hive> show partitions datadefinition_4_2_2;
hive> select * from datadefinition_4_2_2;
```

从查询语句中数据加载：

```
hive> insert into table datadefinition_4_2_2
 > partition(dt='2016030102')
```

```
  > select id,name from datadefinition_4_2_1;
hive> show partitions datadefinition_4_2_2;          --查询分区
hive> select * from datadefinition_4_2_2;            --查询数据
```

插入多个分区：

```
hive> from datadefinition_4_2_1
  > insert overwrite table datadefinition_4_2_2
  > partition(dt='2016030102')
  > select id, name  where id='1'
  > insert overwrite table datadefinition_4_2_2
  > partition(dt='20160301')
  > select id, name where id='2';
select * from datadefinition_4_2_2;
```

表 datadefinition_4_2_2 的数据如图 6-27 所示。

```
hive> select * from datadefinition_4_2_2;
OK
2       test    20160301
2       test    20160301
1       liujiannan      2016030101
2       wangchaoqun     2016030101
3       xuhongxing      2016030101
4       zhudaoyong      2016030101
5       zhouchengyu     2016030101
1       wyp     2016030102
1       wyp     2016030102
```

图 6-27　查询表数据（多个分区）

（3）动态分区及数据加载。如果表中有许多分区，按上述插入语句会要写很多的 SQL，而且查询语句要对应上不同的分区，这样查询语句会很烦琐。

Hive 中有这样的支持动态分区插入的功能，它能根据分区字段的内容自动创建分区，并在每个分区插入相应的内容。

动态分区的建立：

这一部分涉及 datadefinition_4_2_2 和 datadefinition_4_2_1 两个表，首先查询两个表的分区情况和表结构，具体如下所示：

```
hive> show partitions datadefinition_4_2_2;
```

表 datadefinition_4_2_2 分区如图 6-28 所示。

```
hive> show partitions datadefinition_4_2_2;
OK
partition
dt=20160301
dt=2016030101
dt=2016030102
Time taken: 0.064 seconds, Fetched: 3 row(s)
```

图 6-28　查看表 datadefinition_4_2_2 分区情况

```
hive> desc datadefinition_4_2_2;
```

datadefinition_4_2_2 表结构如图 6-29 所示。

删除表 datadefinition_4_2_2 的两个分区 dt=2016030101 和 dt=2016030102，修改的分区如图 6-30 所示。

```
hive> alter table datadefinition_4_2_2 drop partition(dt=2016030101);
```

```
hive> alter table datadefinition_4_2_2 DROP partition(dt=2016030102);
hive> show partitions datadefinition_4_2_2;
```

```
hive> desc datadefinition_4_2_2;
OK
col_name          data_type          comment
name                         string
addr                         string
dt                           string

# Partition Information
# col_name                   data_type                    comment

dt                           string
Time taken: 0.062 seconds, Fetched: 8 row(s)
```

图 6-29 查看 datadefinition_4_2_2 的表结构

```
hive> show partitions datadefinition_4_2_2;
OK
partition
dt=20160301
Time taken: 0.07 seconds, Fetched: 1 row(s)
```

图 6-30 修改后的分区情况

datadefinition_4_2_1 的表结构如图 6-31 所示。

```
hive> desc datadefinition_4_2_1;
```

```
hive> desc datadefinition_4_2_1;
OK
col_name          data_type          comment
id                           int
name                         string
tel                          string
age                          int

# Partition Information
# col_name                   data_type                    comment

age                          int
Time taken: 0.061 seconds, Fetched: 9 row(s)
```

图 6-31 查询 datadefinition_4_2_1 的表结构

表 datadefinition_4_2_1 的分区如图 6-32 所示。

```
hive> show partitions datadefinition_4_2_1;
```

```
hive> show partitions datadefinition_4_2_1;
OK
age=25
age=26
Time taken: 0.07 seconds, Fetched: 2 row(s)
```

图 6-32 查询表 datadefinition_4_2_1 的分区情况

对表 datadefinition_4_2_2 执行动态创建分区：

```
hive> set hive.exec.dynamic.partition.mode=nonstrict;  --动态插入分区必须设置
hive> from datadefinition_4_2_1
   > insert overwrite table datadefinition_4_2_2
   > partition(dt)
   > select id, name, age;
```

hive> show partitions datadefinition_4_2_2;

查询表 datadefinition_4_2_2 的分区情况，发现自动创建了新的分区，如图 6-33 所示。表 datadefinition_4_2_2 中的数据如图 6-34 所示。

hive> select * from datadefinition_4_2_2;

```
hive> show partitions datadefinition_4_2_2;
OK
partition
dt=20160301
dt=25
dt=26
Time taken: 0.07 seconds, Fetched: 3 row(s)
```

图 6-33　查询插入后的分区情况

```
hive> select * from datadefinition_4_2_2;
OK
datadefinition_4_2_2.name        datadefinition_4_2_2.addr        datadefinition_4_2_2.dt
2       test    20160301
2       test    20160301
1       wyp     25
2       test    25
3       zs      25
1       wyp     26
2       test    26
3       zs      26
Time taken: 0.11 seconds, Fetched: 8 row(s)
```

图 6-34　查询插入后的数据

（4）混合动态分区和静态分区使用。同样地，也可以混合动态分区和静态分区使用，具体操作如下所示：

```
hive> insert overwrite table datadefinition_4_2_2
    > partition(dt = '20160301')
    > select table_a.id, table_a.name
    > from datadefinition_4_2_1 table_a
    > where table_a.age=25;
hive> select * from datadefinition_4_2_2;
```

下述设置表示开启动态分区功能（默认为 false），命令如下所示：

```
hive> set sethive.exec.dynamic.partition=true;
```

下述设置表示允许所有分区都是动态的（默认为 strict），命令如下所示：

```
hive> set sethive.exec.dynamic.partition.mode=nonstrict;
hive> set sethive.exec.max.dynamic.partitions.pernode=1000;
```

如果分区是可以确定的话，不要用动态分区。动态分区的值是在 reduce 运行阶段确定的，也就是会把所有的记录进行分发。表记录非常大的话，只有一个 reduce 去处理，效率可想而知。如果这个值唯一或者事先已经知道，比如按天分区（i_date=20140819）那就用静态分区。静态分区在编译阶段已经确定，不需要 reduce 处理。

2. 桶的建立

表的分区是分成文件夹（粗粒度），而桶的建立是分成文件（细粒度），其原理在第 3 章中已经详细介绍了，下面看具体操作，如下所示：

```
hive> create table datadefinition_4_2_3 (id int, name string)
    > clustered by (id)
    > into 3 buckets
```

```
> row format delimited fields terminated by '\t'
> lines terminated by '\n'
> stored as textfile;
hive> load data local inpath
'/home/hiveclass/input/datadefinition/external_partitioned/datadefinition_4_3.data' overwrite into table
      datadefinition_4_2_3;
hive> set hive.enforce.bucketing=true;
hive> insert into table datadefinition_4_2_3 select id, name from datadefinition_4_2_1;
hive> select * from datadefinition_4_2_3 tablesample(bucket 2 out of 3 on id);
```

对于每一个表或者分区，Hive 可以进一步组织成桶，也就是说桶是更为细粒度的数据范围划分。Hive 也是针对某一列进行桶的组织，Hive 采用对列值哈希，然后用除以桶的个数求余的方式决定该条记录存放在哪个桶当中。把表（或者分区）组织成桶有两个理由：

（1）获得更高的查询处理效率。桶为表加上了额外的结构，Hive 在处理有些查询时能利用这个结构。具体而言，连接两个（包含连接列的）在相同列上划分了桶的表，可以使用 map 端实现高效的连接，比如 join 操作。对于 join 操作有一个相同列的两个表，如果对这两个表都进行了桶操作，那么将保存相同列值的桶进行 join 操作就可以，可以大大减少 join 的数据量。

（2）使取样更高效。处理大规模数据集时，在开发和修改查询的阶段，如果能在数据集的一小部分数据上试运行查询会带来很多方便。

6.4.5　删除表与修改表结构

1. 删除表

Hive 提供了和 SQL 中 drop table 命令类似的操作，例如：

```
drop table if exists employee;
```

2. 修改表结构

大多数的表属性可以通过 alter table 语句来进行修改，这种操作会修改元数据，但不会修改数据本身。

表重命名：

```
alter table a rename to new_A;
```

增加分区：

```
alter table log_message add if not exists
partition(year = 2014, month = 1, day = 1) location '/logs/2014/01/01';
partition(year = 2014, month = 1, day = 2) location '/logs/2014/01/02';
```

修改分区：

```
alter table log_message partition(year = 2014, month = 1, day = 1) set location 'hdfs: //master_
      server/data/log_message/logs/2014/01/01';
```

删除分区：

```
alter table log_message drop if exists partition(dt='2014-04-02', dev='devo_1');
```

注意：分区结构依然存在，但是数据不存在。

修改列信息：

```
alter table log_message
change column hms hours_munites_seconds int comment 'The hours, minutes and seconds
```

```
part of the timestamp'
after serverity;
```

即使字段名或字段类型没有改变，用户也需要完全指定旧的字段名，并给出新的字段名及新的字段类型。关键字 column 和 comment 子句都是可选的。上面的例子将字段 hms 转移到了 serverity 字段之后并将其重新命名为 hours_minutes_seconds。如果用户想将这个字段移动到第一的位置，那么只需要使用 first 关键字替代 after serverity 子句即可。

增加列：用户可以在字段分区之前增加新的字段到已有的字段之后。

```
alter table log_message add columns (
app_name string comment 'Application name',
session_id long comment 'The current session id');
```

修改表属性：用户可以增加附加的表属性或者修改已经存在的属性，但是无法删除属性。

```
alter table log_message set tblproperties (
'notes' = 'The process id is no longer captured; this column is always NULL');
```

修改存储属性：

```
alter table log_message partition(year = 2014, month = 1, day = 1) set fileformat SequenceFile;
```

这里将一个分区的存储格式修改成 SequenceFile 文件存储格式。

修改字段名：

```
alter table a change name new_name;
```

6.4.6 HiveQL 简单查询语句

1. HiveQL 查询语句汇总

准备数据如下所示：

```
# pwd
/home/hiveclass/input/datadefinition
# vim employees.data
John Doe,100000.0,MarySmith|Todd Jones,Federal Taxes:.2|State Taxes:.05|Insurance:.1,1 MichiganAve.|
    Chicago|IL|60600
MarySmith,80000.0,Bill King,Federal Taxes:.2|State Taxes:.05|Insurance:.1,100Ontario St.|Chicago|IL|
    60601
ToddJones,70000.0,,Federal Taxes:.15|State Taxes:.03|Insurance:.1,200 ChicagoAve.|Oak Park|IL|60700
BillKing,60000.0,,Federal Taxes:.15|State Taxes:.03|Insurance:.1,300 ObscureDr.|Obscuria|IL|60100
```

创建表 employee，语句如下所示：

```
create table if not exists employees (
name string comment 'Employee name',
salary float comment 'Employee salary',
subordinates array<string> comment 'Names of subordinates',
deductions map<string, float>
comment 'Keys are deductions names, values are percentages',
address struct<street:string, city:string, state:string, zip:int>
comment 'Home address')
comment 'Description of the table'
row format delimited
fields terminated by ','
```

```
collection items terminated by '|'
map keys terminated by ':'
lines terminated by '\n'
stored as textfile
tblproperties ('creator'='me','created_at'='2016-03-01 10:00:00');
load data local inpath '/home/hiveclass/input/datadefinition/employees.data' into table employees;
```

执行下述操作后，可以看到 employees 的数据如图 6-35 所示。

```
hive> select * from employees;
```

```
hive> select * from employees;
OK
John Doe        100000.0        ["MarySmith","Todd Jones"]      {"Federal Taxes":0.2,"S
tate Taxes":0.05,"Insurance":0.1}      {"street":"1 MichiganAve.","city":"Chicago","st
ate":"IL","zip":60600}
MarySmith       80000.0 ["Bill King"]   {"Federal Taxes":0.2,"State Taxes":0.05,"Insura
nce":0.1}       {"street":"100Ontario St.","city":"Chicago","state":"IL","zip":60601}
ToddJones       70000.0 []      {"Federal Taxes":0.15,"State Taxes":0.03,"Insurance":0.
1}      {"street":"200 ChicagoAve.","city":"Oak Park","state":"IL","zip":60700}
BillKing        60000.0 []      {"Federal Taxes":0.15,"State Taxes":0.03,"Insurance":0.
1}      {"street":"300 ObscureDr.","city":"Obscuria","state":"IL","zip":60100}
Time taken: 0.125 seconds, Fetched: 4 row(s)
```

图 6-35　查询表数据

2. select…from 语句

查询结果的数据类型为集合、map 和 struct。

```
hive> select name, subordinates from employees;
hive> select name, deductions from employees;
hive> select name, address from employees;
```

查询 employees 表中的 name 和 subordinates 字段，结果如图 6-36 所示。

```
hive> select name, subordinates from employees;
OK
John Doe        ["MarySmith","Todd Jones"]
MarySmith       ["Bill King"]
ToddJones       []
BillKing        []
Time taken: 0.144 seconds, Fetched: 4 row(s)
```

图 6-36　集合类型数据查询

引用集合数据类型中的元素。

如果要查询集合数据类型中的元素需要使用类似数组的访问方式：

```
hive> select name, subordinates[0] from employees;
```

集合数据类型中的元素查询结果如图 6-37 所示。

```
hive> select name, subordinates[0] from employees;
OK
John Doe        MarySmith
MarySmith       Bill King
ToddJones       NULL
BillKing        NULL
Time taken: 0.121 seconds, Fetched: 4 row(s)
```

图 6-37　集合数据类型中的元素查询

数据类型为 map 时，应使用 key 来做标识，如下所示：

```
hive> select name, deductions["State Taxes"] from employees;
```

引用 struct 中元素的代码如下所示：

```
hive> select name, address.city from employees;
```

使用正则表达式指定列：

```
hive> create table if not exists datadefinition_4_4_1(exchanged string, symbol
string, ymd string, price_open float, price_high float, price_low float, price_close float, volume int, prive_
    adj_close float)
> row format delimited fields terminated by ','
> lines terminated by '\n'
> stored as textfile;
hive> load data local inpath
'/home/hiveclass/input/datadefinition_external/NASDAQ_daily_prices_Z.txt' into table
    datadefinition_4_4_1;
hive> desc datadefinition4_4_1;
hive> set hive.cli.print.header=true;
hive> select symbol, 'price.*' from datadefinition_4_4_1;
```

使用列值进行计算：

```
set hive.cli.print.header=true;
hive> select upper(name), salary, deductions["Federal Taxes"], round(salary * (1 - deductions["Federal
    Taxes"])) from employees;
```

关系运算符：

```
hive> select * from employees where salary>=40000;
```

算数运算符：

```
hive> select symbol, price_high-price_low as difference
 > from datadefinition_4_4_1;
```

逻辑运算符：运算符是对逻辑表达式进行运算，所有操作返回 true 或 false。逻辑运算符一共有 6 种，见表 6-4。

表 6-4　逻辑运算符

运算符	操作结果	描述
A AND B	boolean	如果 A 和 B 都是 true，结果为 true，否则为 false
A && B	boolean	类似于 A AND B
A OR B	boolean	如果 A 或 B 或两者都是 true，结果为 true，否则为 false
A || B	boolean	类似于 A OR B
NOT A	boolean	如果 A 是 false，结果为 true，否则为 false
!A	boolean	类似于 NOT A

```
hive> select * from employees where salary>40000 and subordinates[0] is not null;
```

limit 语句：

```
select upper(name), salary, deductions["Federal Taxes"], round(salary * (1 - deductions["Federal
    Taxes"])) from employees limit 2;
```

列别名：

```
select upper(name), salary, deductions["Federal Taxes"] as fed_taxes, round(salary * (1 -
    deductions["Federal Taxes"])) as salar_minus_fed_taxes from employees LIMIT 2;
```

嵌套 select 语句：

```
from
```

```
(select upper(name) as name, salary, deductions["Federal Taxes"] as fed_taxes, round(salary * (1 -
    deductions["Federal Taxes"])) as salar_minus_fed_taxes from employees ) e
select e.name, e.salar_minus_fed_taxes
where e.salar_minus_fed_taxes > 70000;
```

case...when...then 语句：

```
select name, salary, case
when salary < 50000.0 then 'low'
when salary >= 50000.0 and salary < 70000.0 then 'middle'
when salary >= 70000.0 and salary < 100000.0 then 'high' else 'very high'
end as bracket from employees;
```

6.4.7　where 语句

1. where 语句的作用

where 语句使用谓词表达式。对于应用在谓词操作符上的情况，可以使用 and 或 or 相连接。当谓词表达式计算结果为 true 时，相应的行被保留并输出。

注意：where 语句中不能使用列别名，但是可以使用嵌套的 select 语句。

2. like 和 rlike 使用

分别选择出住址中街道以字符串 Ave 结尾的雇员名称和住址、城市以 O 开头的雇员名称和住址、街道中包含 Chicago 的雇员名称和住址：

```
select name, address.street from employees where address.street LIKE '%Ave.';

select name, address.street from employees where address.street LIKE 'O%';

select name, address.street from employees where address.street LIKE '%Chi%';
```

rlike 子句是 Hive 中的功能扩展。可以通过 Java 的正则表达式指定匹配条件，后面实验中将详细介绍。下述例子是从 employees 表中查找所有住址的街道名称中含有单词 Chicago 或 Ontario 的雇员名称和街道信息：

```
select name, address.street from employees where address.street rlike '.*(Chicago|Ontario).*';
```

6.5　Hive 高级查询

1. group by 操作

group by 语句通常会和聚合函数一起使用，按照一个或多个列对结果进行分组，然后对每个组执行聚合操作。

（1）准备数据。

```
# pwd
/home/hiveclass/input/unit6
# dir
NASDAQ_daily_prices_A.csv NASDAQ_daily_prices_I.csv
```

（2）建立表。

```
hive> create database hiveclass;
hive> use hiveclass;
hive> create external table if not exists unit6_table_1_1(exchanged string, symbol
```

```
        string,ymd string,price_open float,price_high float, price_low float,price_close float,volume int,prive_
        adj_close float)
> row format delimited fields terminated by ','
> lines terminated by '\n'
> stored as textfile
> location '/hiveclass/hivedata/unit6_external';
```

（3）导入数据。

```
# hadoop fs -put
/home/hiveclass/input/unit6/* /hiveclass/hivedata/unit6_external
```

（4）查询操作。

查询语句按照苹果公司股票的年份对股票进行分组，然后计算每年的平均收盘价：

```
hive> select year(ymd), avg(price_close) from unit6_table_1_1
where exchanged ='NASDAQ' and symbol='AAPL'
group by year(ymd);
```

2. having 语句

having 语句允许用户通过一个简单的语法完成原本需要通过子查询才能对 group by 语句产生的分组进行条件过滤的任务。增加 having 语句来限制输出结果中年平均收盘价要大于 $50.0，实现代码如下：

```
hive> select year(ymd), avg(price_close) from  unit6_table_1_1
  > where exchanged='NASDAQ' and symbol='AAPL'
  > group by year(ymd)
  > having avg(price_close) > 50.0;
```

对比如果没有使用 having 子句，那么这个查询将需要使用下述这个嵌套 select 子查询：

```
hive> select s2.year, s2.avg from (select year(ymd) as year, avg(price_close) as avg
  > from unit6_table_1_1 where exchanged='NASDAQ' and symbol='AAPL'
  > group by year(ymd)) s2
  > where s2.avg > 50.0;
```

3. join 语句

（1）准备数据。

```
# pwd
/home/hiveclass/input/unit6_join
# dir
NASDAQ_dividends_A.csv   NASDAQ_dividends_I.csv
```

（2）建立表。

```
hive> use hiveclass;
hive> create external table if not exists unit6_table_3_1(exchanged string, symbol string,
        ymd string, dividend float)
row format delimited fields terminated by ','
lines terminated by '\n'
stored as textfile
location '/hiveclass/hivedata/unit6_join_external';
```

（3）导入数据。

```
# hadoop fs -put
/home/hiveclass/input/unit6_join/* /hiveclass/hivedata/unit6_join_external
```

（4）inner join。

内连接中，只有进行连接的两个表中都存在与连接标准相匹配的数据才会被保留下来。例如，下面这个查询是对苹果公司的股价（股票代码 AAPL）和 IBM 公司的股价（股票代码 IBM）进行比较。股票表 stock 进行自连接，连接条件是 ymd 字段（也就是 year-month-day）内容必须相等，我们也称 ymd 字段是这个查询语句中的连接关键字。内连接操作如下所示：

```
hive> select a.ymd, a.price_close, b.price_close
  > from unit6_table_1_1 a join unit6_table_1_1 b on a.ymd = b.ymd
  > where a.symbol = 'AAPL' and b.symbol = 'IBM';
```

on 子句指定了两个表间数据进行连接的条件，where 子句限制了左边表是 AAPL 的记录，右边表是 IBM 的记录，同时用户可以看到这个查询中需要为两个表分别指定表别名。

在上述例子中，每一个 on 子句都用到了 a.ymd 作为其中一个 join 连接键。在这种情况下，Hive 通过一个优化可以在同一个 MapReduce job 中连接 3 个表。同样，如果 b.ymd 也用于 on 子句中的话，那么也会应用到这个优化。

Hive 同时假定查询中最后一个表是最大的那个表，在对每行记录进行连接操作时，它会尝试将其他表缓存起来，然后扫描最后那个表进行计算。因此，用户需要保证连接查询中的表的大小从左到右边是依次增加的。

（5）left outer join。

```
hive> select s.ymd, s.symbol, s.price_close, d.dividend
  > from unit6_table_1_1 s left outer join unit6_table_3_1 d
  > on s.ymd = d.ymd and s.symbol = d.symbol
  > where s.symbol = 'AAPL';
```

在这种 join 连接操作中，join 操作符左边表中符合 where 子句的所有记录将会被返回。join 操作符右边表中如果没有符合 on 后面连接条件的记录，那么从右边表指定选择的列的值将会是 NULL。

（6）outer join。

通过在 where 子句中增加分区过滤可以加快查询速度，为了提高（5）中的查询的执行速度，可以对两个表的 exchanged 字段增加谓词限定：

```
hive> select s.ymd, s.symbol, s.price_close, d.dividend
  > from unit6_table_1_1 s left outer join unit6_table_3_1 d
  > on s.ymd = d.ymd and s.symbol = d.symbol
  > where s.symbol = 'AAPL' and s.exchanged = 'NASDAQ' and d.exchanged = 'NASDAQ';
```

这时，结果将发生改变，我们发现每年对应的股息值都是非 NULL 的。这个效果和之前的内连接是一样的。在大多数的 SQL 实现中，在到达 where 语句时，d.exchanged 字段中大多数值为 NULL，因此这个"优化"实际上过滤了那些非股息支付日的所有记录。

其解决方式是：移除 where 语句中对表 unit6_table_3_1 的过滤条件，方法如下：

```
hive> select s.ymd, s.symbol, s.price_close, d.dividend
  > from unit6_table_1_1 s left outer join unit6_table_3_1 d
  > on s.ymd = d.ymd and s.symbol = d.symbol
  > where s.symbol = 'AAPL' AND s.exchanged = 'NASDAQ';
```

有一个适用于所有种类连接的解决方案，那就是使用嵌套 select 语句：

```
hive> select s.ymd, s.symbol, s.price_close, d.dividend from
> (select * from unit6_table_1_1 where symbol = 'AAPL' and exchanged = 'NASDAQ') s left outer join
  (select * from unit6_table_3_1 where symbol = 'AAPL' and exchanged = 'NASDAQ') d
> on s.ymd = d.ymd;
```

（7）right outer join。

右外连接会返回右边表所有符合 where 语句的记录。左表中匹配不上的字段值用 NULL 代替。这里调整 stock 表和 dividends 表的位置来执行右外连接，并保留 select 语句不变：

```
hive> select s.ymd, s.symbol, s.price_close, d.dividend
  > from unit6_table_3_1 d right outer join unit6_table_1_1 s
  > on d.ymd = s.ymd and d.symbol = s.symbol
  > where s.symbol = 'AAPL';
```

（8）full outer join。

```
hive> select s.ymd, s.symbol, s.price_close, d.dividend
  > from unit6_table_3_1 d full outer join unit6_table_1_1 s
  > on d.ymd = s.ymd and d.symbol = s.symbol
  > where s.symbol = 'AAPL';
```

（9）left semi join。

下述查询会返回左边表的记录，前提是其记录对于右边表满足 on 语句中的判断条件。对于常见的内连接来说，是一个特殊的、已优化的情况。

```
hive> select s.ymd, s.symbol, s.price_close
  > from unit6_table_1_1 s left semi join unit6_table_3_1 d
  > on s.ymd = d.ymd and s.symbol = d.symbol;
```

left semi join 比通常的 inner join 要更高效，原因如下：对于左表中一条指定的记录，在右边表中一旦找到匹配的记录，Hive 就会立即停止扫描。从这点来看，左边表中选择的列是可以预测的。

4. order by 和 sort by

Hive 中 order by 语句和其他的 SQL 方言中的定义是一样的，它会对查询结果集执行一个全局排序。

Hive 增加了一个可供选择的方式：sort by，它只会在每个 Reduce 中对数据进行排序，也就是执行一个局部排序过程。这可以保证每个 Reduce 的输出数据都是有序的（但并非全局有序），提高后面进行的全局排序的效率。

order by:

```
hive> select s.ymd, s.symbol, s.price_close
  > from stocks s
  > order by s.ymd asc, s.symbol desc;
```

sort by:

```
hive> select s.ymd, s.symbol, s.price_cl
  > from stocks s
  > sort by s.ymd asc, s.symbol desc;
```

5. union all

union all 可以将两个或多个表进行合并。每个 union 子查询都必须具有相同的列，而且对应的每个字段的字段类型必须是一致的。

```
hive> select log.ymd, log.level, log.message
 from (
   select l1.ymd, l1.level,
     l1.message, 'Log1' as source
```

```
    from log1 l1
  union all
    select l2.ymd, l2.level,
      l2.message, 'Log2' as source
    from log1 l2
  ) log
sort by log.ymd asc;
```

union 也可以用于同一个源表的数据合并。从逻辑上讲，可以使用一个 select 和 where 语句来获得相同的结果，这个技术便于将一个长的复杂的 where 语句分割成两个或多个 union 字查询。不过，除非源表创建了索引，否则这个查询将会对同一份源数据进行多次复制分发，如下所示：

```
hive> from (
  from src select src.key, src.value where src.key < 100
  union all
  from src select src.* where src.key > 110
) unioninput
insert overwrite directory '/tmp/union.out' select unioninput.*;
```

6. 建立索引

（1）准备数据。

```
# pwd
/home/hiveclass/input/unit6_index
# vim employees.data
```

（2）建立表。

```
hive> use hiveclass;
hive> create table if not exists unit6_table_6_1 (
name string comment 'Employee name',
salary float comment'Employee salary',
subordinates array<string> comment 'Names of subordinates',
deductions map<string, float>
comment 'Keys are deductions names, values are percentages',
address struct<street:string, city:string, state:string, zip:int>
comment 'Home address')
comment 'Description ofthe table'
partitioned by (country string, state string)
row format delimited
fields terminated by ','
collection items terminated by '|'
map keys terminated by ':'
lines terminated by '\n'
stored as textfile;
```

（3）数据导入。

```
hive> load data local inpath '/home/hiveclass/input/unit6_index/employees.data' overwrite into table unit6_
table_6_1 partition(country ='IL' ,state ='1');
```

（4）创建索引。下面对分区字段 country 创建索引：

```
hive> create index employees_index
on table unit6_table_6_1(country)
as 'org.apache.hadoop.hive.ql.index.compact.CompactIndexHandler'
```

```
with deferred rebuild
in table employees_index_table;
```

注意：index 的 partition 默认和数据表一致，视图上不能创建 index，index 可以通过 stored as 配置存储格式。

（5）重建索引。如果用户指定了 deferred rebuild，那么新索引将呈现空白状态。在任何时候，都可以进行第一次索引创建或者使用 alter index 对索引进行重建。如果省略掉 partition，那么将会对所有分区进行重新索引，即更新数据：

```
hive> alter index employees_index
on unit6_table_6_1 rebuild;
```

查看索引中的内容：

```
hive> select * from employees_index_table limit 5;
```

（6）显示索引。

```
hive> show formatted index on unit6_table_6_1;
```

关键字 formatted 是可选的，增加这个关键字可以使输出中包含列名称。我们还可以替换 index 为 indexes，这样输出中就可以列举出多个索引信息了。

（7）删除索引。如果有索引表的话，删除一个索引将会删除这个索引表：

```
hive> drop index if exists employees_index on unit6_table_6_1;
```

Hive 不允许用户在使用 drop table 语句之前删除索引表。通常情况下，if exists 都是可选的，其用于当索引不存在时避免抛出错误信息。

如果被索引的表被删除，那么其对应的索引和索引表也会被删除。同样地，如果原始表的某个分区被删除了，那么这个分区对应的分区索引也同时会被删除。

7. HiveQL 视图

（1）使用视图来降低查询复杂度。当查询变得长或复杂的时候，通过使用视图将这个查询语句分割成多个小的、更可控的片段可以降低这种复杂度。下述是具有嵌套查询的例子：

建立视图

```
hive> from (
  select * from people join cart
    on (cart.people_id=people.id) WHERE firstname='john') a select a.lastname where a.id=3;
```

Hive 查询语句中含有多层嵌套是非常常见的，下述例子中将嵌套子查询变成视图：

```
hive> create view shorter_join AS
select * from people join cart
on (cart.people_id=people.id) where firstname='john';
```

也可以直接查找视图，在视图中使用 where 语句：

```
hive> select lastname from shorter_join where id=3;
```

（2）使用视图来限制基于条件过滤的数据。

原始表：

```
hive> create table userinfo(
firstname string, lastname string, ssn string, password string);
hive> create view techops_userinfo as
select firstname, lastname, ssn from
userinfo where department='techops';
```

（3）动态分区中的视图和 map 类型。

准备数据：

```
# pwd
/home/hiveclass/input/unit6_view
# vim dynamictable.data
```

建立表：

```
hive> use hiveclass;
hive> create external table if not exists unit6_table_7_1(cols map<string, string>) row
      format delimited
fields terminated by ','
collection items terminated by '|'
map keys terminated by ':'
lines terminated by '\n' stored as textfile;
```

导入数据：

```
hive> load data local inpath
  > '/home/hiveclass/input/unit6_view/dynamictable.data'
  > into table unit6_table_7_1;
```

建立视图：

现在我们创建一个视图，其仅取出 type 值等于 response 的 state、city 和 parts 三个字段，并将视图命名为 orders，如下所示：

```
hive> create view orders(state,city,part) as
select cols["state"], cols["city"], cols["parts"]
from unit6_table_7_1
where cols[ "type" ]=" response" ;
```

查看视图（注意没有用 show view）：

```
hive> show tables orders;
```

创建第二个视图，这个视图名为 shipments，视图返回 time 和 parts 两个字段，限制条件是 type 的值为 response，如下所示：

```
hive> create view shipments(time, part) as
select cols["time"], cols["parts"]
from unit6_table_7_1
where cols["type"]="response";
```

（4）删除视图。删除视图的方式和删除表的方式类似，如下所示：

```
hive> drop view if exists shipments;
```

视图是只读的，对于视图只允许改变元数据中 tblproperties 属性信息，如下所示：

```
hive> alter view shipments set tblproperties ('created_at' = 'some_timestamp');
```

本 章 小 结

本章介绍了 Hive 环境的安装与部署，给出了 Hive 访问的不同执行方式，对 Hive CLI 命令行操作给出了详细的介绍，对 Hive 的相关应用如数据类型的使用、表的创建、数据的导入与导出进行了详细的介绍，最后给出了如何进行 Hive 的高级数据查询。

习　题　6

一、选择题

1．Hive 安装与配置步骤错误的是（　　）。

    A．配置环境变量

    B．优化 Hive

    C．替换 hadoop-2.6.5 中的 jline jar 包

    D．配置 MySQL 存储 hadoop 元数据

2．删除数据库语句错误的是（　　）。

    A．hive> drop database if exists financial;

    B．hive> drop database if exists financial cascade;

    C．hive> alter database financial set dbproperties ('created by' = 'bjqg');

    D．hive> describe formatted financial;

3．以下对 Hive 中表数据操作描述正确的是（　　）。

    A．Hive 不可以修改特定行值、列值

    B．Hive 可以修改行值

    C．Hive 可以修改列值

    D．以上说法都不对

4．关于 Hive 的安装说法错误的是（　　）。

    A．如果使用自带的数据库，需要进行数据库的相关配置

    B．目前 Hive 主要是支持 Oracle 和 MySQL 数据库

    C．安装 Hive 时，首先确保 Hadoop 已经安装完毕并且能正确使用

    D．hive-evn.sh 文件名是固定的，不得随意修改

5．Hive 中变量使用权限的说法正确的是（　　）。

    A．hivevar 只可读，Hive（v0.8.0 以及之后版本）用户自定义变量

    B．hivecon 只可写，Hive 相关的配置属性

    C．system 只可读，Java 定义的配置属性

    D．env 只可读，Shell 环境（例如 bash）定义的环境变量

二、填空题

1．创建一个数据库 financial，具体命令为 _____。

2．查看 Hive 中包含的以字母 f 开头的数据库的语句是 _____。

3．用户可以在 Hive CLI 中执行 Hadoop 的 dfs 命令，只需要将 Hadoop 命令中的关键字 _____ 去掉，然后以分号结尾就可以了。

4．从 HDFS 上导入数据到 Hive 表，将内容导入 Hive 表中，复制"本地数据"到"Hive"，使用 _____ 命令。

5．导出到本地文件系统，不能使用 insert into local directory 来导出数据（会报错），

只能使用 _____ 来导出数据。

6．加载 HDFS 数据其实是 _____，而不是复制数据，因此语句中的 hdfspath 不能是表所在的 HDFS 父目录。

7．Hive 提供了 _____ 语句来删除表，通过 _____ 语句来修改表。

8．where 语句中不能使用列别名，但是可以使用嵌套的 _____ 语句。

9．_____ 语句通常会和聚合函数一起使用，按照一个或多个列对结果进行分组，然后对每个组执行聚合操作。

三、简答题

1．Hive 的简单数据类型有哪些？

2．简述复杂数据类型。

3．简述内部表与外部表的区别。

第7章 Hive 自定义函数

在 Hive 中，用户可以自定义一些函数用于扩展 HiveQL 的功能，这类函数叫作 UDF（用户自定义函数）。UDF 分为两大类：UDTF（用户自定义表生成函数）和 UDAF（用户自定义聚合函数）。我们先介绍简单些的 UDF 实现（UDF 和 GenericUDF），然后以此为基础再介绍 UDAF 和 UDTF 的实现。

7.1 UDF

Hive 用两个不同的接口来编写 UDF 程序。一个是基础的 UDF 接口，一个是复杂的 GenericUDF 接口。

org.apache.hadoop.hive.ql. exec.UDF，基础的 UDF 函数读取和返回基本类型，即 Hadoop 和 Hive 的基本类型，如 Text、IntWritable、LongWritable、DoubleWritable 等。

org.apache.hadoop.hive.ql.udf.generic.GenericUDF，复杂的 GenericUDF 可以处理 Map、List、Set 类型。

Hive 中要使用 UDF，需要把 Java 文件编译、打包成 .jar 文件，然后将 .jar 文件加入到 CLASSPATH 中，最后使用 create function 语句定义这个 Java 类的函数，具体操作如下所述。

1. 准备数据

```
hive (mydb)> select * from employee;
```

语句输出如下：

```
OK
John Doe  100000.0 ["Mary Smith","Todd Jones"] {"Federal Taxes":0.2,"State Taxes":0.05, "Insurance":
    0.1}  {"street":"1 Michigan Ave.","city":"Chicago","state":"IL","zip":60600}  US  CA
Mary Smith  80000.0  ["Bill King"]  {"Federal Taxes":0.2,"State Taxes":0.05,"Insurance":0.1}
    {"street":"100 Ontario St.","city":"Chicago","state":"IL","zip":60601}  US  CA
Todd Jones  70000.0  []  {"Federal Taxes":0.15,"State Taxes":0.03,"Insurance":0.1}  {"street": "200
    Chicago Ave.","city":"Oak Park","state":"IL","zip":60700}  US  CA
Bill King  60000.0  []  {"Federal Taxes":0.15,"State Taxes":0.03,"Insurance":0.1}  {"street": "300
    Obscure Dr.","city":"Obscuria","state":"IL","zip":60100}  US  CA
Boss Man  200000.0  ["John Doe","Fred Finance"]  {"Federal Taxes":0.3,"State Taxes":0.07,
    "Insurance":0.05}  {"street":"1 Pretentious Drive.","city":"Chicago","state":"IL","zip":60500}  US  CA
Fred Finance  150000.0  ["Stacy Accountant"]  {"Federal Taxes":0.3,"State Taxes":0.07, "Insurance":0.05}
    {"street":"2 Pretentious Drive.","city":"Chicago","state":"IL","zip":60500}  US  CA
Stacy Accountant  60000.0  []  {"Federal Taxes":0.15,"State Taxes":0.03,"Insurance":0.1}  {"street": "300
    Main St.","city":"Naperville","state":"IL","zip":60563}  US  CA
Time taken: 0.093 seconds, Fetched: 7 row(s)
hive (mydb)> DESCRIBE employee;
```

语句输出如下：

```
OK
name                string
salary              float
subordinates        array<string>
deductions          map<string,float>
address             struct<street:string,city:string,state:string,zip:int>
```

2. 编写 Java 类

简单 UDF 的实现很简单，只需要继承 UDF，然后实现 evaluate() 方法就行了。

```java
import org.apache.hadoop.hive.ql.exec.UDF;
public class HelloUDF extends UDF{
  public String evaluate(String str){
    try {
      return "Hello " + str;
    } catch (Exception e) {
      // TODO: handle exception
      e.printStackTrace();
      return "ERROR";
    }
  }
}
```

编写 Java 类

3. 编译、打包成 .jar 包并添加到 Hive 中

添加 .jar 文件后，创建函数 hello，语句如下：

```
hive> add jar /root/experiment/hive/udftest.Jar;
hive> create temporary function hello AS "demo. HelloUDF";
```

注意：如果将打包后的 .jar 文件放到 Hive 的 CLASSPATH 中（CLASSPATH 一般是 Hive 目录中的 lib 目录），那么可以不使用 add jar 命令来加载 .jar 包。

编译、打包成 .jar 包

4. 测试函数的结果

```
hive (mydb)> SELECT hello(name) FROM employee;
```

语句输出如下：

```
OK
Hello John Doe
Hello Mary Smith
Hello Todd Jones
Hello Bill King
Hello Boss Man
Hello Fred Finance
Hello Stacy Accountant
Time taken: 0.198 seconds, Fetched: 7 row(s)
```

测试函数的结果

GenericUDF 实现比较复杂，需要先继承 GenericUDF 类。这个 API 需要操作 Object Inspectors，并且要对接收的参数类型和数量进行检查。GenericUDF 需要实现以下三个方法：

（1）这个方法只调用一次，并且在 evaluate() 方法之前调用。该方法接受的参数是一个 ObjectInspector 数组，检查接受正确的参数类型和参数个数。

```
abstract ObjectInspector initialize(ObjectInspector[] arguments);
```

（2）这个方法类似于 UDF 的 evaluate() 方法，它处理真实的参数并返回最终结果。

```
abstract Object evaluate(GenericUDF.DeferredObject[] arguments);
```

（3）这个方法用于当实现的 GenericUDF 出错的时候打印出提示信息，而提示信息就是实现该方法最后返回的字符串。

```
abstract String getDisplayString(String[] children);
```

下述是实现 GenericUDF 的代码，其功能是判断一个数组或列表中是否包含某个元素。

```java
class ComplexUDFExample extends GenericUDF {
 ListObjectInspector listOI;
 StringObjectInspector elementsOI;
 StringObjectInspector argOI;
 @Override
 public String getDisplayString(String[] arg0) {
  return "arrayContainsExample()"; // this should probably be better
 }
 @Override
 public ObjectInspector initialize(ObjectInspector[] arguments) throws UDFArgumentException {
  if (arguments.length != 2) {
   throw new UDFArgumentLengthException("arrayContainsExample only takes 2 arguments: List<T>, T");
  }
  //检查确保接收类型正确
  ObjectInspector a = arguments[0];
  ObjectInspector b = arguments[1];
  if (!(a instanceof ListObjectInspector) || !(b instanceof StringObjectInspector)) {
   throw new UDFArgumentException("first argument must be a list / array, second argument must be a string");
  }
  this.listOI = (ListObjectInspector) a;
  this.elementsOI = (StringObjectInspector) this.listOI.getListElementObjectInspector();
  this.argOI = (StringObjectInspector) b;
  //检查listOI是否含有字符串
  if(!(listOI.getListElementObjectInspector() instanceof StringObjectInspector)) {
   throw new UDFArgumentException("first argument must be a list of strings");
  }
  return PrimitiveObjectInspectorFactory.javaBooleanObjectInspector;
 }
 @Override
 public Object evaluate(DeferredObject[] arguments) throws HiveException {
  int elemNum = this.listOI.getListLength(arguments[0].get());
  LazyString larg = (LazyString) arguments[1].get();
  String arg = argOI.getPrimitiveJavaObject(larg);
  //查看list中是否有我们需要的字符串
  for(int i = 0; i < elemNum; i++) {
   LazyString lelement = (LazyString) this.listOI.getListElement(arguments[0].get(), i);
   String element = elementsOI.getPrimitiveJavaObject(lelement);
   if(arg.equals(element)){
    return new Boolean(true);
   }
  }
  return new Boolean(false);
 }
}
```

注意：evaluate() 方法中从 Object Inspectors 取出的值需要先保存为 Lazy 包中的数据类型（org.apache.hadoop.hive.serde2.lazy），然后才能转换成 Java 的数据类型进行处理。

编译 Java 源文件、打包成 .jar 包，并添加到 Hive 中。最终的测试结果如下所示：

```
hive (mydb)> select contains(subordinates, subordinates[0]), subordinates from employee;
```

语句输出如下：

```
OK
true    ["Mary Smith","Todd Jones"]
true    ["Bill King"]
false   []
false   []
true    ["John Doe","Fred Finance"]
true    ["Stacy Accountant"]
false   []
Time taken: 0.169 seconds, Fetched: 7 row(s)
```

7.2　UDTF

上面介绍了基础的 UDF（UDF 和 GenericUDF）的实现，这一节将介绍更复杂的用户自定义表生成函数（UDTF）。用户自定义表生成函数（UDTF）接受零个或多个输入，然后产生多列或多行的输出，如 explode()。要实现 UDTF，需要继承 org.apache.hadoop.hive.ql.udf. generic.GenericUDTF，同时实现以下三个方法：

（1）该方法指定输入与输出参数：输入的 Object Inspectors 和输出的 Struct。

```
abstract StructObjectInspector initialize(ObjectInspector[] args) throws UDFArgument- Exception;
```

（2）该方法处理输入记录，然后通过 forward() 方法返回输出结果。

```
abstract void process(Object[] record) throws HiveException;
```

（3）该方法用于通知 UDTF 没有行可以处理，可以在该方法中清理代码或者附加其他处理输出。

```
abstract void close() throws HiveException;
```

下面给出一个分割字符串的例子，其实现代码如下所示：

```
@Description(
  name = "explode_name",
  value = "_FUNC_(col) - The parameter is a column name."
    + " The return value is two strings.",
  extended = "Example:\n"
    + " > select _FUNC_(col) from src;"
    + " > select _FUNC_(col) AS (name, surname) from src;"
    + " > select adTable.name,adTable.surname"
    + " > from src LATERAL VIEW _FUNC_(col) adTable AS name, surname;"
)
public class ExplodeNameUDTF extends GenericUDTF{
  @Override
  public StructObjectInspector initialize(ObjectInspector[] argOIs)
      throws UDFArgumentException {
    if(argOIs.length != 1){
      throw new UDFArgumentException("ExplodeStringUDTF takes exactly one argument.");
    }
    if(argOIs[0].getCategory() != ObjectInspector.Category.PRIMITIVE
```

```
        && ((PrimitiveObjectInspector)argOIs[0]).getPrimitiveCategory() != PrimitiveObject- Inspector.
            PrimitiveCategory.STRING){
        throw new UDFArgumentTypeException(0, "ExplodeStringUDTF takes a string as a parameter.");
    }
    ArrayList<String> fieldNames = new ArrayList<String>();
    ArrayList<ObjectInspector> fieldOIs = new ArrayList<ObjectInspector>();
    fieldNames.add("name");
    fieldOIs.add(PrimitiveObjectInspectorFactory.javaStringObjectInspector);
    fieldNames.add("surname");
    fieldOIs.add(PrimitiveObjectInspectorFactory.javaStringObjectInspector);
    return ObjectInspectorFactory.getStandardStructObjectInspector(fieldNames, fieldOIs);
}
@Override
public void process(Object[] args) throws HiveException {
    // TODO Auto-generated method stub
    String input = args[0].toString();
    String[] name = input.split(" ");
    forward(name);
}
@Override
public void close() throws HiveException {
    // TODO Auto-generated method stub
}
}
```

我们把代码编译打包后的 .jar 文件添加到 CLASSPATH，然后创建函数 explode_name()，最后仍然使用上一节的数据表 employee，如下所示：

```
hive (mydb)> add jar /root/experiment/hive/hive-0.0.1-SNAPSHOT.jar;
hive (mydb)> create temporary function explode_name
> AS "edu.test.hive.udtf.ExplodeNameUDTF";

hive (mydb)> select explode_name(name) from employee;
Query ID = root_20160118000909_c2052a8b-dc3b-4579-931e-d9059c00c25b
Total jobs = 1
Launching Job 1 out of 1
Number of reduce tasks is set to 0 since there's no reduce operator
Starting Job = job_1453096763931_0005, Tracking URL = http://master:8088/proxy/application_
    1453096763931_0005/
Kill Command = /root/install/hadoop-2.4.1/bin/hadoop job  -kill job_1453096763931_0005
Hadoop job information for Stage-1: number of mappers: 1; number of reducers: 0
2018-01-18 00:09:08,643 Stage-1 map = 0%,  reduce = 0%
2018-01-18 00:09:14,152 Stage-1 map = 100%,  reduce = 0%, Cumulative CPU 1.03 sec
MapReduce Total cumulative CPU time: 1 seconds 30 msec
Ended Job = job_1453096763931_0005
MapReduce Jobs Launched:
Stage-Stage-1: Map: 1   Cumulative CPU: 1.03 sec   HDFS Read: 1040 HDFS Write: 80 SUCCESS
Total MapReduce CPU Time Spent: 1 seconds 30 msec
```

语句输出如下：

```
OK
John        Doe
Mary        Smith
Todd        Jones
```

```
Bill          King
Boss          Man
Fred          Finance
Stacy         Accountant
Time taken: 13.765 seconds, Fetched: 7 row(s)
```

UDTF 有两种使用方法：

（1）和 select 一起使用。

```
select explode_name(name) as (name, surname) from employee;
select explode_name(name) from employee;
```

但不能添加其他字段，如：

```
select name,explode_name(name) as (name, surname) from employee;
```

也不能嵌套其他函数，如：

```
select explode_name(explode_name(name)) from employee;
```

还不能和 group by/sort by/distribute by/cluster by 一起使用，如：

```
select explode_name(name) from employee group by name;
```

（2）和 lateral view 一起使用。

```
select adTable.name,adTable.surname
from employee
lateral view explode_name(name) adTable as name, surname;
```

7.3　UDAF

前两节分别介绍了基础 UDF 和 UDTF，这一节我们将介绍最复杂的用户自定义聚合函数（UDAF）。UDAF 接收从零行到多行的零个到多个列，然后返回单一值，如 sum()、count()。要实现 UDAF，我们需要实现下面的类：

```
org.apache.hadoop.hive.ql.udf.generic.AbstractGenericUDAFResolver
org.apache.hadoop.hive.ql.udf.generic.GenericUDAFEvaluator
```

AbstractGenericUDAFResolver 检 查 输 入 参 数， 并 且 指 定 使 用 哪 个 resolver。 在 AbstractGenericUDAFResolver 中只需要实现下述一个方法：

```
Public GenericUDAFEvaluator getEvaluator(TypeInfo[] parameters) throws SemanticException;
```

但是，主要的逻辑处理还是在 evaluator 中，需要继承 GenericUDAFEvaluator，并且实现下面几个方法：

（1）输入 / 输出都是 Object Inspectors。

```
public Object Inspector init(Mode m, ObjectInspector[] parameters) throws HiveException;
```

（2）AggregationBuffer 保存数据处理的临时结果。

```
abstract AggregationBuffer getNewAggregationBuffer() throws HiveException;
```

（3）重新设置 AggregationBuffer。

```
public void reset(AggregationBuffer agg) throws HiveException;
```

（4）处理输入记录。

```
public void iterate(AggregationBuffer agg, Object[] parameters) throws HiveException;
```

（5）处理部分输出数据。

```
public Object terminatePartial(AggregationBuffer agg) throws HiveException;
```

（6）把两部分数据聚合起来。

```
public void merge(AggregationBuffer agg, Object partial) throws HiveException;
```

（7）输出最终结果。

```
public Object terminate(AggregationBuffer agg) throws HiveException;
```

在给出示例之前，先看一下 UADF 的枚举类 GenericUDAFEvaluator.Mode。Mode 有如下 4 种情况：

（1）PARTIAL1：Mapper 阶段。从原始数据到部分聚合，会调用 iterate() 和 terminatePartial()。

（2）PARTIAL2：Combiner 阶段，在 Mapper 端合并 Mapper 的结果数据。从部分聚合到部分聚合，会调用 merge() 和 terminatePartial()。

（3）FINAL：Reducer 阶段。从部分聚合数据到完全聚合，会调用 merge() 和 terminate()。

（4）COMPLETE：出现这个阶段，表示 MapReduce 中只用 Mapper 没有 Reducer，所以 Mapper 端直接输出结果了。从原始数据到完全聚合，会调用 iterate() 和 terminate()。

下面我们看一个例子，把某一列的值合并，然后和 concat_ws() 函数一起实现 MySQL 中 group_concat() 函数的功能，代码如下：

```
@Description(
  name = "collect",
  value = "_FUNC_(col) - The parameter is a column name. "
    + "The return value is a set of the column.",
  extended = "Example:\n"
    + " > select _FUNC_(col) from src;"
)
public class GenericUDAFCollect extends AbstractGenericUDAFResolver {
  private static final Log LOG = LogFactory.getLog(GenericUDAFCollect.class.getName());
  public GenericUDAFCollect() {
    // TODO Auto-generated constructor stub
  }
  @Override
  public GenericUDAFEvaluator getEvaluator(TypeInfo[] parameters)
      throws SemanticException {
    if(parameters.length != 1){
      throw new UDFArgumentTypeException(parameters.length - 1,
          "Exactly one argument is expected.");
    }
    if(parameters[0].getCategory() != ObjectInspector.Category.PRIMITIVE){
      throw new UDFArgumentTypeException(0,
          "Only primitive type arguments are accepted but "
          + parameters[0].getTypeName() + " was passed as parameter 1.");
    }
    return new GenericUDAFCollectEvaluator();
  }
  @SuppressWarnings("deprecation")
  public static class GenericUDAFCollectEvaluator extends GenericUDAFEvaluator{
    private PrimitiveObjectInspector inputOI;
    private StandardListObjectInspector internalMergeOI;
    private StandardListObjectInspector loi;
    @Override
    public ObjectInspector init(Mode m, ObjectInspector[] parameters)
```

```
      throws HiveException {
    super.init(m, parameters);
    if(m == Mode.PARTIAL1 || m == Mode.COMPLETE){
      inputOI = (PrimitiveObjectInspector) parameters[0];
      return ObjectInspectorFactory.getStandardListObjectInspector(
          (PrimitiveObjectInspector) ObjectInspectorUtils
            .getStandardObjectInspector(inputOI));
    }
    else if(m == Mode.PARTIAL2 || m == Mode.FINAL){
      internalMergeOI = (StandardListObjectInspector) parameters[0];
      inputOI = (PrimitiveObjectInspector) internalMergeOI.getListElementObjectInspector();
      loi = ObjectInspectorFactory.getStandardListObjectInspector(inputOI);
      return loi;
    }
    return null;
  }
  static class ArrayAggregationBuffer implements AggregationBuffer{
    List<Object> container;
  }
  @Override
  public AggregationBuffer getNewAggregationBuffer() throws HiveException {
    ArrayAggregationBuffer ret = new ArrayAggregationBuffer();
    reset(ret);
    return ret;
  }
  @Override
  public void reset(AggregationBuffer agg) throws HiveException {
    ((ArrayAggregationBuffer) agg).container = new ArrayList<Object>();
  }
  @Override
  public void iterate(AggregationBuffer agg, Object[] param)
      throws HiveException {
    Object p = param[0];
    if(p != null){
      putIntoList(p, (ArrayAggregationBuffer)agg);
    }
  }
  @Override
  public void merge(AggregationBuffer agg, Object partial)
      throws HiveException {
    ArrayAggregationBuffer myAgg = (ArrayAggregationBuffer) agg;
    ArrayList<Object> partialResult = (ArrayList<Object>) this.internalMergeOI.getList(partial);
    for(Object obj : partialResult){
      putIntoList(obj, myAgg);
    }
  }
  @Override
  public Object terminate(AggregationBuffer agg) throws HiveException {
    ArrayAggregationBuffer myAgg = (ArrayAggregationBuffer) agg;
    ArrayList<Object> list = new ArrayList<Object>();
    list.addAll(myAgg.container);
    return list;
```

```
        }
        @Override
        public Object terminatePartial(AggregationBuffer agg)
            throws HiveException {
          ArrayAggregationBuffer myAgg = (ArrayAggregationBuffer) agg;
          ArrayList<Object> list = new ArrayList<Object>();
          list.addAll(myAgg.container);
          return list;
        }
        public void putIntoList(Object param, ArrayAggregationBuffer myAgg){
          Object pCopy = ObjectInspectorUtils.copyToStandardObject(param, this.inputOI);
          myAgg.container.add(pCopy);
        }
      }
    }
}
```

我们把上述代码编译打包后的 .jar 文件添加到 CLASSPATH，然后创建函数 collect()，最后仍然使用本章第一节的数据表 employee，如下所示：

```
hive (mydb)> ADD jar /root/experiment/hive/udaftest.jar;
hive (mydb)> CREATE TEMPORARY FUNCTION collect
        > AS "demo.GenericUDAFCollect";

hive (mydb)> select collect(name) from employee;
Query ID = root_20160117221111_c8b88dc9-170c-4957-b665-15b99eb9655a
Total jobs = 1
Launching Job 1 out of 1
Number of reduce tasks determined at compile time: 1
In order to change the average load for a reducer (in bytes):
  set hive.exec.reducers.bytes.per.reducer=<number>
In order to limit the maximum number of reducers:
  set hive.exec.reducers.max=<number>
In order to set a constant number of reducers:
  set mapreduce.job.reduces=<number>
Starting Job = job_1453096763931_0001, Tracking URL = http://master:8088/proxy/application_
    1453096763931_0001/
Kill Command = /root/install/hadoop-2.4.1/bin/hadoop job  -kill job_1453096763931_0001
Hadoop job information for Stage-1: number of mappers: 1; number of reducers: 1
2018-01-17 22:11:49,360 Stage-1 map = 0%,  reduce = 0%
2018-01-17 22:12:01,388 Stage-1 map = 100%,  reduce = 0%, Cumulative CPU 1.76 sec
2018-01-17 22:12:16,830 Stage-1 map = 100%,  reduce = 100%, Cumulative CPU 2.95 sec
MapReduce Total cumulative CPU time: 2 seconds 950 msec
Ended Job = job_1453096763931_0001
MapReduce Jobs Launched:
Stage-Stage-1: Map: 1  Reduce: 1   Cumulative CPU: 2.95 sec   HDFS Read: 1040
HDFS Write: 80 SUCCESS
Total MapReduce CPU Time Spent: 2 seconds 950 msec
语句输出如下：
OK
["John Doe","Mary Smith","Todd Jones","Bill King","Boss Man","Fred Finance","Stacy Accountant"]
Time taken: 44.302 seconds, Fetched: 1 row(s)
```

把 concat_ws(',', collect(name)) 与 group by 结合使用可达到 MySQL 中 group_concat() 函数的效果。下面查询相同工资的员工：

```
hive (mydb)> select salary,concat_ws(',', collect(name)) from employee GROUP BY salary;
Query ID = root_20160117222121_dedd4981-e050-4aac-81cb-c449639c721b
Total jobs = 1
Launching Job 1 out of 1
Number of reduce tasks not specified. Estimated from input data size: 1
In order to change the average load for a reducer (in bytes):
  set hive.exec.reducers.bytes.per.reducer=<number>
In order to limit the maximum number of reducers:
  set hive.exec.reducers.max=<number>
In order to set a constant number of reducers:
  set mapreduce.job.reduces=<number>
Starting Job = job_1453096763931_0003, Tracking URL = http://master:8088/proxy/application_
1453096763931_0003/
Kill Command = /root/install/hadoop-2.4.1/bin/hadoop job  -kill job_1453096763931_0003
Hadoop job information for Stage-1: number of mappers: 1; number of reducers: 1
2018-01-17 22:21:59,627 Stage-1 map = 0%,  reduce = 0%
2018-01-17 22:22:07,207 Stage-1 map = 100%,  reduce = 0%, Cumulative CPU 1.2 sec
2018-01-17 22:22:14,700 Stage-1 map = 100%,  reduce = 100%, Cumulative CPU 2.8 sec
MapReduce Total cumulative CPU time: 2 seconds 800 msec
Ended Job = job_1453096763931_0003
MapReduce Jobs Launched:
Stage-Stage-1: Map: 1  Reduce: 1  Cumulative CPU: 2.8 sec  HDFS Read: 1040 HDFS Write: 131 SUCCESS
Total MapReduce CPU Time Spent: 2 seconds 800 msec
```

语句输出如下：

```
OK
60000.0    Bill King,Stacy Accountant
70000.0    Todd Jones
80000.0    Mary Smith
100000.0   John Doe
150000.0   Fred Finance
200000.0   Boss Man
Time taken: 24.928 seconds, Fetched: 6 row(s)
```

在实现 UDAF 时主要使用下面几个方法：

- init()：当实例化 UDAF 的 evaluator 时执行，并且指定输入输出数据的类型。
- iterate()：把输入数据处理后放入到内存聚合块中（AggregationBuffer），典型的 Mapper。
- terminatePartial()：其为 iterate() 轮转结束后返回轮转数据，类似于 Combiner。
- merge()：介绍 terminatePartial() 的结果，然后把这些 partial 结果数据 merge 到一起。
- terminate()：返回最终的结果。
- iterate() 和 terminatePartial()：都在 Mapper 端。
- merge() 和 terminate()：都在 Reducer 端。

AggregationBuffer 存储中间或最终结果，我们通过定义自己的 AggregationBuffer 可以处理任何类型的数据。

7.4 Hive 函数综合案例

7.4.1 Row_Sequence 实现列自增长

1. Java 代码

使用 Eclipse 进行 Java 代码编写，逻辑上实现列自增。

```java
package com.hive.jdbc;
import org.apache.hadoop.hive.ql.exec.Description;
import org.apache.hadoop.hive.ql.exec.UDF;
import org.apache.hadoop.hive.ql.udf.UDFType;
import org.apache.hadoop.io.LongWritable;

/**
 * UDF RowSequence
 */
@Description(name = "row_sequence",
    value = "_FUNC_() - Returns a generated row sequence number starting from 1")
@UDFType(deterministic = false)
public class RowSequence extends UDF {

  private LongWritable result = new LongWritable();
  public RowSequence() {
    result.set(0);
  }

  public LongWritable evaluate() {
    result.set(result.get() + 1);
    return result;
  }
}
```

2. 打包、上传

使用 Eclipse 将源程序打包成 .jar 文件上传到服务器，并加载到 Hive 环境 lib 中，如图 7-1 所示。

```
add jar /home/hiveclass/input/unit8_ex/RowSequence.jar;
```

```
root@master:unit8 ex# ls
res.csv  RowSequence.jar  user_address.data  user_basic_info.data
```

图 7-1　程序 .jar 包加载到 Hive 中

3. 创建自定义 UDF

```
create temporary function row_sequence as 'com.hive.jdbc.RowSequence';
```

4. 测试列自增

```
hive> select * from unit8_4_1;
```

查询表 unit8_4_1 中的数据，如图 7-2 所示。

```
hive> select * from unit8_4_1;
OK
[1,2,3,4]
[2,7,8,9]
Time taken: 2.063 seconds, Fetched: 2 row(s)
```

图 7-2 查询表中数据

加入自定义函数，测试函数数据结果是否正确。执行下述语句：

select row_sequence(), myCol from unit8_4_1

结果如图 7-3 所示。

```
hive> select row_sequence(), myCol from unit8_4_1;
OK
1       [1,2,3,4]
2       [2,7,8,9]
Time taken: 2.807 seconds, Fetched: 2 row(s)
```

图 7-3 测试 row_sequence 函数

7.4.2 列转行和行转列

1. 场景描述

假设我们在 Hive 中有两个表，其中一个表是存储用户基本信息，另一个表是存储用户的地址等信息，数据见表 7-1 和表 7-2。

表 7-1 user_basic_info 表信息

id	name
1	a
2	b
3	c
4	d

表 7-2 user_address 表信息

name	address
a	add1
a	add2
b	add3
c	add4
d	add5

可以看到同一个用户不止一个地址，我们希望把数据变为表 7-3 的格式，这就要用到 Hive 中的行转列的知识，需要用到两个内置 UDF：collect_set() 和 concat_ws()。

表 7-3 表的最终展示结果

id	name	address
1	a	add1,add2
2	b	add3
3	c	add4
4	d	add5

2. 准备数据

```
# pwd
/home/hiveclass/input/unit8_ex
root@master:unit8_ex# vim user_basic_info.data
1,a
2,b
3,c
4,d
5,e
root@master:unit8_ex# vim user_address.data
a,add1
a,add2
c,add3
d,add4
b,add5
e,add6
a,add5
```

3. 建立表

```
create table unit8_5_1_user_basic_info(id string, name string)
row format delimited
fields terminated by ','
lines terminated by '\n'
stored as textfile;
create table unit8_5_1_user_address(name string, address string)
row format delimited
fields terminated by ','
lines terminated by '\n'
stored as textfile;
```

4. 加载数据

```
load data local inpath '/home/hiveclass/input/unit8_ex/user_basic_info.data' into table unit8_5_1_
user_basic_info;
load data local inpath '/home/hiveclass/input/unit8_ex/user_address.data' into
table unit8_5_1_user_address;
```

5. 执行合并

```
select max(ubi.id), ubi.name, concat_ws(',', collect_set(ua.address)) as address from unit8_5_1_
user_basic_info ubi join unit8_5_1_user_address ua
on ubi.name=ua.name group by ubi.name;
```

执行合并操作的结果如图 7-4 所示。

```
Stage-Stage-2: Map: 1  Reduce: 1   Cumulative CPU: 5.56 sec   HDFS Read: 13764 HDFS Write: 55 SUCCESS
Total MapReduce CPU Time Spent: 5 seconds 560 msec
OK
1       a       add1,add2,add5
2       b       add5
3       c       add3
4       d       add4
5       e       add6
Time taken: 53.558 seconds, Fetched: 5 row(s)
```

图 7-4　执行合并操作

将上述结果进行转换，结果见表 7-4。

表 7-4　行转换

id	name	address
1	a	add1
1	a	add2
1	a	add5
2	b	add5
3	c	add3
4	d	add4

建立表，将上述结果导入，如下所示：

```
create table unit8_5_1_user_info(id string, name string, address array<string>)
row format delimited
fields terminated by '\t'
collection items terminated by ','
lines terminated by '\n';
stored as textfile;
```

将上述数据导入到 res.csv 中，具体如下所示：

```
root@master:unit8_ex# pwd
/home/hiveclass/input/unit8_ex
# hive -e "
select max(ubi.id), ubi.name, concat_ws(',', collect_set(ua.address)) as address from
hiveclass.unit8_5_1_ user_basic_info ubi
join hiveclass.unit8_5_1_user_address ua on ubi.name=ua.name
group by ubi.name"  >> res.csv
```

查询 res.csv 文件中的数据，如图 7-5 所示。

```
root@master:unit8_ex# cat res.csv
1       a       add1,add2,add5
2       b       add5
3       c       add3
4       d       add4
5       e       add6
```

图 7-5　查询文件内容

加载数据文件到指定表中，如下所示：

```
load data local inpath '/home/hiveclass/input/unit8_ex/res.csv' into table unit8_5_1_user_info;
```

使用函数 explode() 提取地址信息，如下所示：

```
select explode(address) as address from unit8_5_1_user_info;
```

这样执行的结果只有 address。因为我们需要完整的信息，所以要对上述语句进行改动，但若改成下述语句：

select id, name, explode(address) as address from user_info;

这样的改动也是不对的，因为 explode 不支持函数之外的 select 语句，所以应使用如下语句：

select id, name, add from unit8_5_1_user_info ui lateral view explode(ui.address) adtable as add;

执行结果如图 7-6 所示。

图 7-6　最后查询结果

本 章 小 结

本章介绍了 Hive 的自定义函数，给出了 UDF、UDTF、UDAF 各自的函数实现方式，并给出具体的实现源码；最后给出了 Hive 函数的综合案例，案例中给出了 Row_Sequence 实现列自增长、列转行和行转列等的具体操作。

习　题　7

一、填空题

1．UDF 分为两大类：UDTF（用户自定义表生成函数）和_____。

2．Hive 中要使用 UDF，需要把 Java 文件编译、打包成 .jar 文件，然后将 .jar 文件加入到_____中，最后使用 create function 语句定义这个 Java 类的函数。

3．@Describtion 包含三个属性：_____、_____和_____。

4．Hive 用两个不同的接口来编写 UDF 程序，一个是基础的 UDF 接口，一个是复杂的_____接口。

5．用户自定义表生成函数（UDTF）接受零个或多个输入，然后产生多列或_____的输出，如 explode()。

6．evaluate() 方法中从_____取出的值需要先保存为 Lazy 包中的数据类型（org.apache.hadoop.hive.serde2.lazy），然后才能转换成 Java 的数据类型进行处理。

二、设计题

应用 UDF，创建 Maven 项目。

1．加入依赖。

2．编写代码，继承 org.apache.hadoop.hive.ql.exec.UDF，实现 evaluate() 方法，在 evaluate 方法中实现自己的逻辑。

3．打成 .jar 包并上传至 Linux 虚拟机。

4．在 Hive Shell 中，使用"add jar 路径"将 .jar 包作为资源添加到 Hive 环境中。

5．使用 .jar 包资源注册一个临时函数，fxxx1 是函数名，'MyUDF' 是主类名。

6．使用函数名处理数据。

第8章 Hive 综合案例（一）

本章基于国内某技术论坛中的数据日志，运用 Hive 相关技术实现网站关键指标的分析和统计，从数据的清洗到数据的分析处理给出详细的开发步骤。

8.1 项目背景与数据情况

1. 项目来源

此案例的数据日志来源于国内某技术论坛，该论坛由某培训机构主办，汇聚了众多技术学习者，每天都有人发帖、回帖，如图 8-1 所示。

图 8-1 项目来源网站——技术论坛

本案例的目的是通过对该技术论坛的 apache common 日志进行分析，计算该论坛的一些关键指标，供运营者进行决策时参考。

2. 数据情况

图 8-2 展示了该日志数据的记录格式，其中每行记录由 5 部分组成：访问者 IP、访问时间、访问资源、访问状态（HTTP 状态码）、本次访问流量。

```
27.19.74.143 - - [30/May/2013:17:38:20 +0800] "GET /static/image/common/faq.gif HTTP/1.1" 200 1127
110.52.250.126 - - [30/May/2013:17:38:20 +0800] "GET /data/cache/style_1_widthauto.css?y7a HTTP/1.1" 200 1292
27.19.74.143 - - [30/May/2013:17:38:20 +0800] "GET /static/image/common/hot_1.gif HTTP/1.1" 200 680
27.19.74.143 - - [30/May/2013:17:38:20 +0800] "GET /static/image/common/hot_2.gif HTTP/1.1" 200 682
27.19.74.143 - - [30/May/2013:17:38:20 +0800] "GET /static/image/filetype/common.gif HTTP/1.1" 200 90
110.52.250.126 - - [30/May/2013:17:38:20 +0800] "GET /source/plugin/wsh_wx/img/wsh_zk.css HTTP/1.1" 200 1482
110.52.250.126 - - [30/May/2013:17:38:20 +0800] "GET /data/cache/style_1_forum_index.css?y7a HTTP/1.1" 200 2331
110.52.250.126 - - [30/May/2013:17:38:20 +0800] "GET /source/plugin/wsh_wx/img/wx_jqr.gif HTTP/1.1" 200 1770
27.19.74.143 - - [30/May/2013:17:38:20 +0800] "GET /static/image/common/recommend_1.gif HTTP/1.1" 200 1030
```

图 8-2 日志数据记录格式

8.2　关键绩效指标

1. 浏览量

定义：页面浏览量即为 PV（Page View），是指所有用户浏览页面的总和，一个独立用户每打开一个页面就被记录 1 次。

分析：网站总浏览量，可以考核用户对于网站的兴趣，就像收视率对于电视剧一样。但是对于网站运营者来说，更重要的是每个栏目下的浏览量。

计算公式：记录计数，从日志中获取访问次数，又可以细分为各个栏目下的访问次数。

2. 注册用户数

定义：注册用户数，是指在该网站登记的用户数量，是衡量一个网站的影响度和覆盖面的重要指标。

分析：该论坛的用户注册页面为 member.php，而当用户单击注册时请求的又是 member.php?mod =register 的 URL。

计算公式：对访问 member.php?mod=register 的 URL 计数。

3. IP 数

定义：一天之内，访问网站的不同独立 IP 个数和。其中同一 IP 无论访问了几个页面，独立 IP 个数均为 1。

分析：这是我们最熟悉的一个概念，无论同一个 IP 上有多少计算机或者用户，从某种程度上来说，独立 IP 的多少是衡量网站推广活动好坏最直接的数据。

计算公式：对不同的访问者的 IP 计数。

4. 跳出率

定义：只浏览了一个页面便离开了网站的访问次数占总的访问次数的百分比，即只浏览了一个页面的访问次数 / 全部的访问次数汇总。

分析：跳出率是非常重要的访客黏性指标，它显示了访客对网站的兴趣程度。跳出率越低说明流量质量越好，访客对网站的内容越感兴趣，这些访客越可能是网站的有效用户和忠实用户。

该指标也可以衡量网络营销的效果，它指出有多少访客被网络营销吸引到宣传产品页或网站上之后又流失掉，可以说就是煮熟的鸭子飞了。比如，网站在某媒体上打广告推广，分析从这个推广来源进入的访客指标，其跳出率可以反映出选择这个媒体是否合适，广告语的撰写是否优秀，以及网站入口页的设计是否让用户体验良好。

计算公式：①统计一天内只出现一条记录的 IP，称为跳出数；②跳出数 /PV。

5. 版块热度排行榜

定义：版块的访问情况排行。

分析：巩固热点版块成绩，加强冷清版块建设，同时对学科建设也有影响。

计算公式：按访问次数统计排序。

8.3　开发步骤分析

1. 上传日志文件至 HDFS

把日志数据上传到 HDFS 中进行处理，可以分为以下几种情况：

（1）如果日志服务器数据较小、压力较小，可以直接使用 Shell 命令把数据上传到 HDFS 中。

（2）如果日志服务器数据较大、压力较大，使用 NFS 在另一台服务器上上传数据。

（3）如果日志服务器非常多、数据量大，使用 Flume 进行数据处理。

2. 数据清洗

使用 MapReduce 对 HDFS 中的原始数据进行清洗，以便后续进行统计分析。

3. 统计分析

使用 Hive 对清洗后的数据进行统计分析。

4. 分析结果导入 MySQL

使用 Sqoop 把 Hive 产生的统计结果导出到 MySQL 中。

5. 提供视图工具

提供视图工具供用户使用，指标查询 MySQL，明细则查询 HBase。

项目开发流程如图 8-3 所示。

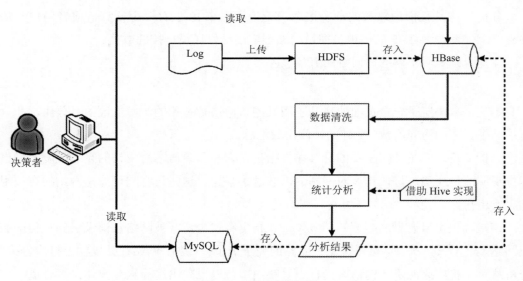

图 8-3　项目开发流程

8.4　表结构设计

1. MySQL 表结构设计

这里使用 MySQL 存储关键指标的统计分析结果。MySQL 的表结构设计图如图 8-4 所示。

汇总表	
日期	acc_date
浏览量	pv
新用户	newer
独立ip	iip
跳出数	jumper

ip、版块访问表	
日期	acc_date
ip	ip
版块	forum
浏览量	pv

图 8-4　MySQL 表结构设计图

2. HBase 表结构设计

这里使用 HBase 存储明细日志，能够利用 IP、时间查询。Hbase 的表结构设计图如图 8-5 所示。

明细表	
行键	ip:date:random
明细列族	cf:all

图 8-5　HBase 表结构设计图

8.5　数据清洗过程

数据清洗过程如下：

（1）根据上述关键指标的分析，我们所要统计分析的均不涉及访问状态（HTTP 状态码）以及本次访问的流量，于是我们首先可以清理这两项记录。

（2）根据日志记录的数据格式，我们需要将日期格式转换为平常所见的普通格式，如 20150426，于是我们可以写一个类将日志记录的日期进行转换。

（3）由于静态资源的访问请求对我们的数据分析没有意义，于是可以过滤以 GET / staticsource/ 开头的访问记录；又因为 GET 和 POST 字符串对我们也没有意义，因此也可以将它们省略。

8.5.1　定期上传日志至 HDFS

首先，把日志数据上传到 HDFS 中进行处理可以分为以下几种情况：

（1）如果日志服务器数据较小、压力较小，可以直接使用 Shell 命令把数据上传到 HDFS 中。

（2）如果日志服务器数据较大、压力较大，使用 NFS 在另一台服务器上上传数据。

（3）如果日志服务器非常多、数据量大，使用 Flume 进行数据处理。

这里我们的实验数据文件较小，因此直接采用第一种 Shell 命令方式。又因为日志文件是每天产生的，因此需要设置一个定时任务，在第二天的 1 点钟自动将前一天产生的 log 文件上传到 HDFS 的指定目录中。我们通过 Shell 脚本结合 crontab 创建一个定时任务 techbbs_core.sh，内容如下：

```
#!/bin/sh
```

```
#step1.get yesterday format string
yesterday=$(date --date='1 days ago' +%Y_%m_%d)
#step2.upload logs to hdfs
hadoop fs -put /usr/local/files/apache_logs/access_${yesterday}.log /project/techbbs/data
```

结合 crontab 设置为每天 1 点钟自动执行的定期任务：crontab –e。内容如下所述（其中 1 代表每天 1:00，techbbs_core.sh 为要执行的脚本文件）。

```
* 1 * * * techbbs_core.sh
```

验证方式：通过命令 crontab -l 可以查看已经设置的定时任务。

8.5.2 编写 MapReduce 程序清理日志

1. 编写日志解析类对每行记录的五个组成部分进行单独的解析

```
static class LogParser {
    public static final SimpleDateFormat FORMAT = new SimpleDateFormat(
        "d/MMM/yyyy:HH:mm:ss", Locale.ENGLISH);
    public static final SimpleDateFormat dateformat1 = new SimpleDateFormat(
        "yyyyMMddHHmmss");
    /**
     * 解析英文时间字符串
     *
     * @param string
     * @return
     * @throws ParseException
     */
    private Date parseDateFormat(String string) {
        Date parse = null;
        try {
            parse = FORMAT.parse(string);
        } catch (ParseException e) {
            e.printStackTrace();
        }
        return parse;
    }
    /**
     * 解析日志的行记录
     *
     * @param line
     * @return 数组含有5个元素，分别是IP、时间、URL、状态、流量
     */
    public String[] parse(String line) {
        String ip = parseIP(line);
        String time = parseTime(line);
        String url = parseURL(line);
        String status = parseStatus(line);
        String traffic = parseTraffic(line);
        return new String[] { ip, time, url, status, traffic };
    }
    private String parseTraffic(String line) {
        final String trim = line.substring(line.lastIndexOf("\"") + 1).trim();
        String traffic = trim.split(" ")[1];
        return traffic;
    }
    private String parseStatus(String line) {
        final String trim = line.substring(line.lastIndexOf("\"") + 1).trim();
```

```
        String status = trim.split(" ")[0];
        return status;
    }
    private String parseURL(String line) {
        final int first = line.indexOf("\"");
        final int last = line.lastIndexOf("\"");
        String url = line.substring(first + 1, last);
        return url;
    }
    private String parseTime(String line) {
        final int first = line.indexOf("[");
        final int last = line.indexOf("+0800]");
        String time = line.substring(first + 1, last).trim();
        Date date = parseDateFormat(time);
        return dateformat1.format(date);
    }
    private String parseIP(String line) {
        String ip = line.split("- -")[0].trim();
        return ip;
    }
}
```

2. 编写 MapReduce 程序对指定日志文件的所有记录进行过滤

Mapper 类：

```
static class MyMapper extends
        Mapper<LongWritable, Text, LongWritable, Text> {
    LogParser logParser = new LogParser();
    Text outputValue = new Text();
    protected void map(
        LongWritable key,
        Text value,
        org.apache.hadoop.mapreduce.Mapper<LongWritable, Text, LongWritable,
            Text>.Context context)
        throws java.io.IOException, InterruptedException {
        final String[] parsed = logParser.parse(value.toString());
        // step1：过滤掉静态资源访问请求
        if (parsed[2].startsWith("GET /static/")
            || parsed[2].startsWith("GET /uc_server")) {
            return;
        }
        // step2：过滤掉开头的指定字符串
        if (parsed[2].startsWith("GET /")) {
            parsed[2] = parsed[2].substring("GET /".length());
        } else if (parsed[2].startsWith("POST /")) {
            parsed[2] = parsed[2].substring("POST /".length());
        }
        // step3：过滤掉结尾的特定字符串
        if (parsed[2].endsWith(" HTTP/1.1")) {
            parsed[2] = parsed[2].substring(0, parsed[2].length()
                - " HTTP/1.1".length());
        }
        // step4：只写入前三个记录类型项
        outputValue.set(parsed[0] + "\t" + parsed[1] + "\t" + parsed[2]);
        context.write(key, outputValue);
    }
}
```

Reducer 类：

```
static class MyReducer extends
    Reducer<LongWritable, Text, Text, NullWritable> {
  protected void reduce(
      LongWritable k2,
      java.lang.Iterable<Text> v2s,
      org.apache.hadoop.mapreduce.Reducer<LongWritable, Text, Text, NullWritable>.
        Context context)
      throws java.io.IOException, InterruptedException {
    for (Text v2 : v2s) {
      context.write(v2, NullWritable.get());
    }
  };
}
```

LogCleanJob.java 的完整示例代码见附录。将程序打包成 .jar 文件上传到服务器，接下来调用定时任务脚本执行打包好的程序。

8.5.3　定期清理日志至 HDFS

改写刚刚的定时任务脚本，将自动执行清理的 MapReduce 程序加入脚本中，内容如下：

```
#!/bin/sh
#step1.get yesterday format string
yesterday=$(date --date='1 days ago' +%Y_%m_%d)
#step2.upload logs to hdfs
hadoop fs -put /usr/local/files/apache_logs/access_${yesterday}.log /project/techbbs/data
#step3.clean log data
hadoop jar /usr/local/files/apache_logs/mycleaner.jar
/project/techbbs/data/access_${yesterday}.log /project/techbbs/cleaned/${yesterday}
```

这段脚本的意思是每天 1 点钟将日志文件上传到 HDFS 后，执行数据清理程序对已存入 HDFS 的日志文件进行过滤，并将过滤后的数据存入 cleaned 目录下。

8.5.4　查询清洗前后的数据

通过 Web 接口查看 HDFS 中的日志数据，存入的未过滤的日志数据在路径 /project/techbbs/data/ 下，如图 8-6 所示。

图 8-6　数据清洗前的数据

存入的已过滤的日志数据在路径 /project/techbbs/cleaned/ 下，如图 8-7 所示。

图 8-7　数据清洗后的数据

8.6　数据统计分析

8.6.1　借助 Hive 进行统计

为了能够借助 Hive 进行统计分析，首先我们需要将清洗后的数据存入 Hive 中，那么我们需要先建立一个表。这里选择分区表，以日期作为分区的指标，建表语句如下（关键之处就在于确定映射的 HDFS 位置，这里是 /project/techbbs/cleaned，即清洗后的数据存放的位置）：

```
hive> create external table techbbs(ip string, atime string, url string)
  > partitioned by (logdate string)
  > row format delimited fields terminated by '\t'
  > location '/project/techbbs/cleaned';
```

建立了分区表之后就需要增加一个分区。增加分区的语句如下：

```
hive> alter table techbbs add partition(logdate='2015_04_25')
  > location '/project/techbbs/cleaned/2015_04_25';
```

8.6.2　使用 HiveQL 统计关键指标

1. 关键指标之一：PV 量

页面浏览量即为 PV（Page View），是指所有用户浏览页面的总和。一个独立用户每打开一个页面就被记录 1 次。这里我们只需要统计日志中的记录个数即可。HiveQL 代码如下：

```
hive>create table techbbs_pv_2015_04_25 as select count(1) as pv from techbbs where
    logdate='2015_04_25';
```

2. 关键指标之二：注册用户数

本章基于的论坛的用户注册页面为 member.php，而当用户单击注册时请求的是 member.php?mod=register 的 URL。因此，这里我们只需要统计出日志中访问的 URL 是

member.php? mod=register 的即可。HiveQL 代码如下：

```
hive> create table techbbs_reguser_2015_04_25
  > as select count(1) as reguser from techbbs
  > where logdate='2015_04_25' and instr(url,'member.php?mod=register')>0;
```

3. 关键指标之三：独立 IP 数

统计一天之内访问网站的不同独立 IP 个数，其中同一 IP 无论访问了几个页面，独立 IP 数均为 1。因此，这里我们只需要统计日志中处理的独立 IP 数即可。在 SQL 中我们可以通过 distinct 关键字来实现，在 HiveQL 中也是通过这个关键字。HiveQL 代码如下：

```
hive> create table techbbs_ip_2015_04_25
  > as select count(distinct ip) as IP
  > from techbbs where logdate='2015_04_25';
```

4. 关键指标之四：跳出用户数

跳出用户数是指只浏览了一个页面便离开了网站的访问次数，即只浏览了一个页面便不再访问的访问次数。这里，我们可以通过用户的 IP 进行分组，如果分组后的记录数只有一条，那么即为跳出用户。将这些用户的数量相加，就得出了跳出用户数。HiveQL 代码如下：

```
hive> create table techbbs_jumper_2015_04_25
  > as select count(1) as jumper
  > from (
  > select count(ip) as times from techbbs
  > where logdate='2015_04_25'
  > group by ip having times=1
  > ) e;
```

跳出率是指只浏览了一个页面便离开了网站的访问次数占总的访问次数的百分比，即只浏览了一个页面的访问次数 / 全部的访问次数汇总。将这里得出的跳出用户数 /PV 数即可得到跳出率。

5. 将所有关键指标放入一张汇总表中以便于通过 Sqoop 导出到 MySQL

为了方便通过 Sqoop 统一导出到 MySQL，这里我们借助一张汇总表将刚刚统计出的结果整合起来，通过表连接结合，HiveQL 代码如下：

```
hive> create table techbbs_2015_04_25
  > as select '2015_04_25', a.pv, b.reguser, c.ip, d.jumper
  > from techbbs_pv_2015_04_25 a join techbbs_reguser_2015_04_25 b on 1=1
  > join techbbs_ip_2015_04_25 c on 1=1
  > join techbbs_jumper_2015_04_25 d on 1=1;
```

本 章 小 结

本案例是对国内某技术论坛的日志进行关键指标分析。案例中使用 MapReduce 程序对原始日志进行清理，并定期将清理后的日志上传到 HDFS 中，然后对清洗后的数据运行 HiveQL 语句进行统计和分析，得到 PV 量、注册用户数、独立 IP 数、跳出用户数等关键性指标，论坛运维人员基于这些关键性指标数据能够更好地提供论坛的运营服务。

第 9 章 Hive 综合案例（二）

Hive 是用于存储和处理海量结构化数据的一个基于 Hadoop 的开源数据仓库。它把海量数据存储于 Hadoop 文件系统，而不是数据库。但它提供了一套类数据库的数据存储和处理机制，并采用 HiveQL（类 SQL）语言对这些数据进行自动化管理和处理。我们可以把 Hive 中海量结构化数据看成一个个的表，而实际上这些数据是分布式地存储在 HDFS 中的。Hive 经过对语句进行解析和转换，最终生成一系列基于 Hadoop 的 MapReduce 任务，通过执行这些任务完成数据处理。

9.1 项目应用场景

本项目案例的任务是对 Hadoop 日志数据进行统计分析。数据日志量并不大，这些日志分布在前端机，每操作一次保存一次。我们将这些数据按需求直接基于 Hadoop 开发。需要自行管理数据，针对多个统计需求开发不同的 MapReduce 运算任务，对合并、排序等多项操作进行定制，并检测任务运行状态，工作量并不小。但使用 Hive，从导入到分析、排序、去重、结果输出，这些操作都可以运用 HiveQL 语句来解决。一条语句经过处理被解析成几个任务来运行，即使是关键词访问量增量这种需要同时访问多天数据的较为复杂的需求也能通过表关联这样的语句自动完成，大大提高了工作效率。

9.2 设计与实现

9.2.1 日志格式分析

首先分析 Hadoop 的日志格式，日志是一行一条。日志格式可以依次描述为：日期、时间、级别、相关类和提示信息等，见表 9-1。

表 9-1 Hadoop 日志格式

日期 （rdate）	时间 （time）	级别 （type）	相关类 （relateclass）	提示信息 1 （information1）	提示信息 2 （information2）	提示信息 3 （information3）
string	array\<string\>	string	string	string	string	string

日志信息数据放入文件 hadoop_log.data 中。

9.2.2 建立表

可以采用空格来对行内的内容进行分割，但是提示信息中可能也有空格，可以把提示信息组织成多个列存放，最后查询的时候把这几列进行合并即可。这里提示信息用三列组织。另外时间分两部分，可以用复杂类型 array 来组织，以逗号分割。表的定义如下：

```
//建立Hive表，用来存储日志信息
HiveUtil.createTable("
create table if not exists loginfo
(
rdate string,
time array<string>,
type string,
relateclass string,
information1 string,
information2 string,
information3 string
)
row format delimited fields terminated by ' '
collection items terminated by ','
map keys terminated by ':'
");
```

9.2.3　程序设计

本项目的程序在计算机机上用 Eclipse 开发。该程序连接 Hadoop 集群，处理完的结果存储在 MySQL 服务器上。图 9-1 是程序开发示例图。

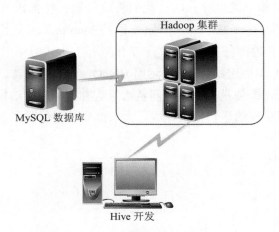

图 9-1　程序开发示例图

MySQL 数据库的创建存储信息表 hadooplog 的 SQL 语句如下所示：

```
# pwd
/soft/data
# vim hadooplog.sql
drop table if exists  hadooplog;
create table hadooplog(
    id int(11) not null auto_increment,
    rdate varchar(50) null,
    time varchar(50) default null,
    type varchar(50) default null,
    relateclass tinytext default null,
    information longtext default null,
    primary key (id)
) engine=innodb default charset=utf8;
```

MySQL 中表的创建：

（1）登录 MySQL 数据库。

```
hadoop@ubuntu:~$ mysql -uhive -phive;
```

（2）创建数据库 hadooplogs。

```
mysql> create database hadooplogs;
```

（3）导入 SQL 语句创建表 hadooplog。

```
mysql> use hadooplogs;
mysql> source /soft/data/hadooplog.sql;
mysql> desc hadooplog;
```

hadooplog 表结构如图 9-2 所示。

```
mysql> desc hadooplog;
+-------------+-------------+------+-----+---------+----------------+
| Field       | Type        | Null | Key | Default | Extra          |
+-------------+-------------+------+-----+---------+----------------+
| id          | int(11)     | NO   | PRI | NULL    | auto_increment |
| rdate       | varchar(50) | YES  |     | NULL    |                |
| time        | varchar(50) | YES  |     | NULL    |                |
| type        | varchar(50) | YES  |     | NULL    |                |
| relateclass | tinytext    | YES  |     | NULL    |                |
| information | longtext    | YES  |     | NULL    |                |
+-------------+-------------+------+-----+---------+----------------+
6 rows in set (0.00 sec)
```

图 9-2　hadooplog 表结构

9.2.4　编码实现

在 Eclipse 中新建工程 HiveInAction，新建包 com.bqp.utils 和 com.bqp.action，导入 Hive 的 lib 目录下的所有包、Hadoop 的核心包、MySQL 的 JDBC 驱动包。

新建类 getConnect.java，这个类负责建立与 Hive 和 MySQL 的连接。由于每个连接的开销比较大，所以此类的设计采用设计模式中的单例模式。项目 HiveInAction 中的 getConnect 类文件的核心代码如下：

```
// 获得与Hive连接，如果连接已经初始化，则直接返回
public static Connection getHiveConn() throws SQLException {
  if (conn == null) {
    try {
      Class.forName("org.apache.hive.jdbc.HiveDriver");
    } catch (ClassNotFoundException e) {
      // TODO Auto-generated catch block
      e.printStackTrace();
      System.exit(1);
    }
    conn = DriverManager.getConnection(
        "jdbc:hive2://192.168.60.61:10000/default", "root", "");
    System.out.println("getHiveConn SUCCES");
  }
  return conn;
}

// 获得与MySQL连接，如果连接已经初始化，则直接返回
  public static Connection getMysqlConn() throws SQLException {
```

```
if (conntomysql == null)
{
  try {
    Class.forName("com.mysql.jdbc.Driver");
  } catch (ClassNotFoundException e) {
    // TODO Auto-generated catch block
    e.printStackTrace();
    System.exit(1);
  }
  conntomysql = DriverManager
    .getConnection(
      "jdbc:mysql://192.168.60.61:3306/hadooplogs?createDatabaseIfNotExist=
        true&useUnicode=true&characterEncoding=UTF8","hive", "hive");
  System.out.println("getMysqlConn SUCCES");
}
return conntomysql;
}
```

新建 hiveUtil.java，这是一个针对 Hive 的工具类。它实现了三个方法：创建表、加载数据、依据条件查询数据。另外还实现了把数据转存到 MySQL 中的一个方法 hiveTomysql，它需要一个保存查询结果的参数，遍历结果集输出到屏幕后，将数据插入到 MySQL 数据库中。需要注意的是，把 Hive 中的数据的后三列合并后才能插入，这样在 MySQL 中看到的才是完整的输出信息。项目 HiveInAction 中的 hiveUtil 类文件，将得到 Hive 的数据存入 MySQL 数据中，核心代码如下：

```
public static void hiveTomysql(ResultSet Hiveres) throws SQLException {
  Connection con = getConnect.getMysqlConn();
  Statement stmt = con.createStatement();
  while (Hiveres.next()) {
    String rdate = Hiveres.getString(1);
    String time = Hiveres.getString(2);
    String type = Hiveres.getString(3);
    String relateclass = Hiveres.getString(4);
    // 可以使用udaf实现
    String information = Hiveres.getString(5) + Hiveres.getString(6) + Hiveres.getString(7);
    System.out.println(rdate + "   " + time + "   " + type + "   " + relateclass + "   " +
      information + "   ");
    stmt.executeUpdate("insert into hadooplog values(0,'" + rdate + "','" + time + "','" + type + "','"
      + relateclass + "','" + information + "')");
  }
}
```

新建 exeHiveQL.java 驱动类，实现 main 函数。运行时需要两个参数：日志级别和日期。目前可以支持依据日志级别和日期提取日志，当然也可以在程序中定制。程序首先在 Hive 数据仓库中创建表；然后加载 Hadoop 的日志；过滤有用的日志信息并转存到 MySQL 数据库里。项目 HiveInAction 中是 exeHiveQL 类文件，exeHiveQL.java 源文件的完整代码见附录。

9.2.5 运行并测试

运行程序前需要在装有 Hive 的机器上启动 Hiveserver 服务并指定一个端口监听，命令如下：

```
# hive --service hiveserver2 --hiveconf hive.server2.thrift.port=10000
```

将 hadoop_log.data 文件上传至 HDFS 文件系统中，代码如下：

```
# hadoop fs -put hadoop_log.data /hiveinaction
```

运行 exeHiveQL.java，输入参数作为查询条件，查找用户所关注的信息。例如，要查询 2013 年 3 月 6 日所有 WARN 级别的日志信息，可以在运行时输入两个参数 2013-03-06 和 WARN。运行后，可以看到 hiveserver2 的控制台上输出的运行结果信息。

程序执行完后进入 MySQL 的控制台，查看 hadooplog 表中的信息，结果如图 9-3 所示。

可以看到 2013 年 3 月 6 的 WARN 级别的信息共有 1 条。警告信息的类是 org.apache.hadoop.metrics2.impl.MetricsSyste。

```
mysql> select * from hadooplog;
+----+------------+----------+------+-----------------------------------------
-----+--------------+
| id | rdate      | time     | type | relateclass
     | information  |
+----+------------+----------+------+-----------------------------------------
-----+--------------+
| 1  | 2013-03-06 | 15:23:48 | WARN | org.apache.hadoop.metrics2.impl.MetricsSyste
mImpl: | Sourcenameugi |
+----+------------+----------+------+-----------------------------------------
-----+--------------+
1 row in set (0.00 sec)
```

图 9-3　查询 hadooplog 表中的信息

本 章 小 结

在项目中同时对 Hive 的数据仓库和 MySQL 数据库进行操作。虽然都是使用了 JDBC 接口，但是一些地方还是有差异的。这个实战项目能比较好地体现 Hive 与关系型数据库的异同。

如果我们直接采用 MapReduce 来做，效率会比使用 Hive 高，因为 Hive 的底层就是调用了 MapReduce。但是程序的复杂度和编码量都会大大增加，特别是对于不熟悉 MapReduce 编程的开发人员，这是一个棘手的问题。Hive 在这两种方案中找到了平衡，不仅处理效率较高，而且实现起来也相对简单，给传统关系型数据库编码人员带来了便利。这就是目前 Hive 被许多商业组织采用的原因。

第 10 章 Hive 综合案例（三）

本案例是对单支股票从发行到 2010 年 2 月 8 日期间每日交易的处理，形成 K 线分析。重点在于前期数据规整处理与导入导出。有数据仓库方案的设计，涉及 Hive 优化操作，关系型数据库的导入，使用数据可视化方式的直观展示，并对数据分析起到至关重要作用。

10.1 应 用 场 景

本案例实验原理：通过语句建立外部表；通过 HiveQL 语句将数据导入 Hive；通过逻辑处理建立分区；理解分区表在 Hadoop 文件系统中的存在方式；对数据进行分类存放来提高查询效率和准确性。在建立分区表时注意 Hive 数据倾斜和 Hive 执行性能的优化，从而实现 Hive 语句调用 MapReduce 的运行。将处理后的数据导入 MySQL，再次进行逻辑处理，通过 Web 图表形式进行展示，最终实现实验目的。

10.2 设计与实现

10.2.1 数据处理

1. 创建原始外部表

```
hive> create external table if not exists stock_original(
    exchanged string,
    stock_symbol string,
    ymd string,
    stock_price_open float,
    stock_price_high float,
    stock_price_low float,
    stock_price_close float,
    stock_volume int,
    stock_price_adj_close float
) row format delimited fields terminated by ','
lines terminated by '\n'
stored as textfile
location '/hiveclass/hivedata/stock_original';
```

2. 导入数据

```
# hadoop fs -put /soft/data/stock_data/* /hiveclass/hivedata/stock8_original
```

文件上传后如图 10-1 所示。

```
root@master:/soft/data/stock_data# ll
total 50380
drwxr-xr-x 2 root root     4096 Apr 11 17:36 ./
drwxr-xr-x 3 root root     4096 Apr 11 17:36 ../
-rw-r--r-- 1 root root 51579667 Apr 10 20:56 NASDAQ_daily_prices_A.csv
```

图 10-1　导入的数据文件

3. 原始表结构添加主键

使用自定义 UDF 给数据添加自增属性值，Java 源码如下所示：

```java
package com.hive.jdbc;

import org.apache.hadoop.hive.ql.exec.Description;
import org.apache.hadoop.hive.ql.exec.UDF;
import org.apache.hadoop.hive.ql.udf.UDFType;
import org.apache.hadoop.io.LongWritable;

/**
 * UDFRowSequence.
 */
@Description(name = "row_sequence",
    value = "_FUNC_() - Returns a generated row sequence number starting from 1")
@UDFType(deterministic = false)
public class RowSequence extends UDF {
  private LongWritable result = new LongWritable();

  public RowSequence() {
    result.set(0);
  }

  public LongWritable evaluate() {
    result.set(result.get() + 1);
    return result;
  }
}
```

打包 Java 源文件，创建自定义函数 Row_Sequence，并创建 stock_original_used 表，具体实现如下所示：

```sql
hive> add jar /soft/tool/RowSequence.jar;

hive> create temporary function row_sequence as 'com.hive.jdbc.RowSequence';

hive> create table if not exists stock_original_used(
stock_id int,
exchanged string,
stock_symbol string,
ymd string,
stock_price_open float,
stock_price_high float,
stock_price_low float,
stock_price_close float,
stock_volume int,
stock_price_adj_close float
```

```
)
row format delimited fields terminated by ','
lines terminated by '\n'
stored as textfile;
```

从 stock_original 表中加载数据到 stock_original_used 表中，采用查询语句插入数据的方式，具体实现如下所示：

```
hive> insert overwrite table stock_original_used select row_sequence(), exchanged, stock_symbol, ymd,
    stock_price_open,stock_price_high, stock_price_low, stock_price_close, stock_volume, stock_price_adj_
    close from stock_original;
```

10.2.2　使用 Hive 对清洗后的数据进行多维分析

1. 建立分区表，根据年月日建立分区字段

```
hive> create table if not exists stock_original_ymd(
    stock_id int,
    exchanged string,
    stock_symbol string,
    ymd string,
    stock_price_open float,
    stock_price_high float,
    stock_price_low float,
    stock_price_close float,
    stock_volume int,
    stock_price_adj_close float
)
partitioned by(p_year string, p_month string, p_day string)
row format delimited fields terminated by ','
lines terminated by '\n'
stored as textfile;
hive> show partitions stock_original_ymd;
```

开启动态分区设置：

```
hive> set hive.exec.dynamic.partition.mode=nonstrict;
hive> set hive.exec.dynamic.partition=true;
set hive.exec.max.dynamic.partitions=100000000;
set hive.exec.max.dynamic.partitions.pernode=100000000;
set hive.exec.max.created.files=100000000;
set hive.exec.max.created.files=500000;
set mapred.reduce.tasks =20000;
set hive.merge.mapfiles=true;
```

从原始数据表 stock_original_used 中加载数据到 stock_original_ymd 分区表中，具体操作如下所示：

```
hive> insert overwrite table stock_original_ymd partition(p_year, p_month, p_day) select
    a.stock_id as stock_id, a.exchanged as exchanged, a.stock_symbol as stock_symbol, a.ymd as ymd,
    a.stock_price_open as stock_price_open, a.stock_price_high as stock_price_high, a.stock_price_low as
    stock_price_low, a.stock_price_close as stock_price_close, a.stock_volume as stock_volume, a.stock_
    price_ adj_close as stock_price_adj_close, substring(a.ymd, 0, 4) as p_year, substring(a.ymd, 6, 2) as
    p_month, substring(a.ymd, 9, 2) as p_day from stock_original_used a;
```

在执行的过程中会出现如下错误信息：

```
FAILED: Execution Error, return code 2 from org.apache.hadoop.hive.ql.exec.mr.MapRedTask is running
```

beyond virtual memory limits. Current usage: 53.7 MB of 1 GB physical memory used; 4.4 GB of 2.1 GB virtual memory used. Killing container.

　　原因是容器使用超过了虚拟内存的大小限制，该容器被杀死，导致作业提交失败。physical memory used 由于使用了默认虚拟内存率（也就是 2.1 倍），所以对于 Map Task 和 Reduce Task 总的虚拟内存为都为 1GB×2.1=2.1GB。而应用的虚拟内存 4.4GB 超过了这个数值，故报错。解决办法如下：

　　（1）修改配置文件 yarn-site.xml，如下所示：

```
<property>
    <name>yarn.resourcemanager.hostname</name>
    <value>SparkMaster</value>
</property>
<property>
    <name>yarn.nodemanager.vmem-pmem-ratio</name>
    <value>2.1</value>
</property>
<property>
    <name>yarn.nodemanager.pmem-check-enabled</name>
    <value>false</value>
</property>
<property>
    <name>yarn.nodemanager.vmem-check-enabled</name>
    <value>false</value>
</property>
<!-- Site specific yarn configuration properties -->
<property>
    <name>yarn.nodemanager.aux-services</name>
    <value>mapreduce_shuffle</value>
</property>
<property>
    <name>yarn.nodemanager.aux-services.mapreduce.shuffle.class</name>
    <value>org.apache.hadoop.mapred.ShuffleHandler</value>
</property>
```

　　（2）修改配置文件 mapred-site.xml，如下所示：

```
<property>
    <name>mapreduce.task.io.sort.mb</name>
    <value>1024</value>
</property>
<property>
    <name>mapred.child.java.opts</name>
    <value>-Xmx2560M</value>
</property>
<property>
    <name>mapreduce.reduce.java.opts</name>
    <value>-Xmx2560M</value>
</property>
<property>
    <name>mapreduce.map.memory.mb</name>
    <value>2560</value>
</property>
<property>
```

```
        <name>mapreduce.reduce.memory.mb</name>
        <value>2560</value>
    </property>
    <property>
        <name>mapreduce.framework.name</name>
        <value>yarn</value>
    </property>
```

（3）重新启动 Hadoop 集群，如下所示：

```
#start-all.sh
#stop-all.sh
```

（4）再次启动 Hive，设置 session，运行动态分区代码，结果如图 10-2 所示。

```
ows=302, totalSize=18899, rawDataSize=18597]
Partition default.stock_original_ymd{p_year=2010, p_month=02, p_day=02} stats: [numFiles=1, numR
ows=302, totalSize=18868, rawDataSize=18566]
Partition default.stock_original_ymd{p_year=2010, p_month=02, p_day=03} stats: [numFiles=1, numR
ows=302, totalSize=18859, rawDataSize=18557]
Partition default.stock_original_ymd{p_year=2010, p_month=02, p_day=04} stats: [numFiles=1, numR
ows=302, totalSize=18896, rawDataSize=18594]
Partition default.stock_original_ymd{p_year=2010, p_month=02, p_day=05} stats: [numFiles=1, numR
ows=302, totalSize=18846, rawDataSize=18544]
Partition default.stock_original_ymd{p_year=2010, p_month=02, p_day=08} stats: [numFiles=1, numR
ows=302, totalSize=18849, rawDataSize=18547]
MapReduce Jobs Launched:
Stage-Stage-1: Map: 1   Cumulative CPU: 684.0 sec   HDFS Read: 56733082 HDFS Write: 57267752 SUC
CESS
Total MapReduce CPU Time Spent: 11 minutes 24 seconds 0 msec
OK
Time taken: 1575.96 seconds
```

图 10-2　运行动态分区代码后的展现

此时查看 yarn 的虚拟内存与物理内存分配优化情况，如下所示：

```
hive> set  mapred.child.java.opts;
mapred.child.java.opts=-Xmx2560M
hive> set mapreduce.map.memory.mb;
mapreduce.map.memory.mb=2560

hive> set mapreduce.reduce.memory.mb;
mapreduce.reduce.memory.mb=2560

hive> set mapreduce.reduce.java.opts;
mapreduce.reduce.java.opts=-Xmx2560M

hive> set mapreduce.task.io.sort.mb;
mapreduce.task.io.sort.mb=1024
```

查看 HDFS 文件系统中的分区目录情况，确认是否创建成功，如下所示：

```
# hadoop fs -ls /user/hive/warehouse/stock_original_ymd/p_year=2010/p_month=02
```

结果如图 10-3 所示。

```
root@master:~/u/etc/hadoop# hadoop fs -ls /user/hive/warehouse/stock_original_ymd/p_year=2010/p_
month=02
Found 6 items
drwxr-xr-x   - root supergroup          0 2016-04-11 03:34 /user/hive/warehouse/stock_original_y
md/p_year=2010/p_month=02/p_day=01
drwxr-xr-x   - root supergroup          0 2016-04-11 03:29 /user/hive/warehouse/stock_original_y
md/p_year=2010/p_month=02/p_day=02
drwxr-xr-x   - root supergroup          0 2016-04-11 03:27 /user/hive/warehouse/stock_original_y
md/p_year=2010/p_month=02/p_day=03
drwxr-xr-x   - root supergroup          0 2016-04-11 03:27 /user/hive/warehouse/stock_original_y
md/p_year=2010/p_month=02/p_day=04
drwxr-xr-x   - root supergroup          0 2016-04-11 03:31 /user/hive/warehouse/stock_original_y
md/p_year=2010/p_month=02/p_day=05
drwxr-xr-x   - root supergroup          0 2016-04-11 03:31 /user/hive/warehouse/stock_original_y
md/p_year=2010/p_month=02/p_day=08
```

图 10-3　HDFS 中分区目录结构

由图 10-3 可以看到，此时分区建立成功。

2. 按照股票代码创建分区表

```
hive> create table if not exists stock_original_symbol(
    stock_id int,
    exchanged string,
    stock_symbol string,
    ymd string,
    stock_price_open float,
    stock_price_high float,
    stock_price_low float,
    stock_price_close float,
    stock_volume int,
    stock_price_adj_close float
)
partitioned by(p_symbol string)
row format delimited fields terminated by ','
lines terminated by '\n'
stored as textfile;
```

从原始数据表 stock_original_used 加载数据到 stock_original_symbol 分区表中，如下所示：

```
hive> insert overwrite table stock_original_symbol partition(p_symbol) select a.stock_
    id as stock_id, a.exchanged as exchanged, a.stock_symbol as stock_symbol, a.ymd as ymd, a.stock_
    price_open as stock_price_open, a.stock_price_high as stock_price_high, a.stock_price_low as stock_
    price_low, a.stock_price_close as stock_price_close, a.stock_volume as stock_volume, a.stock_price_
    adj_close as stock_price_adj_close, a.stock_symbol as p_symbol from stock_original_used a;
```

查看 HDFS 文件系统中的分区目录情况，确认是否创建成功，如下所示：

```
# hadoop fs -ls /user/hive/warehouse/stock_original_symbol
```

结果如图 10-4 所示。

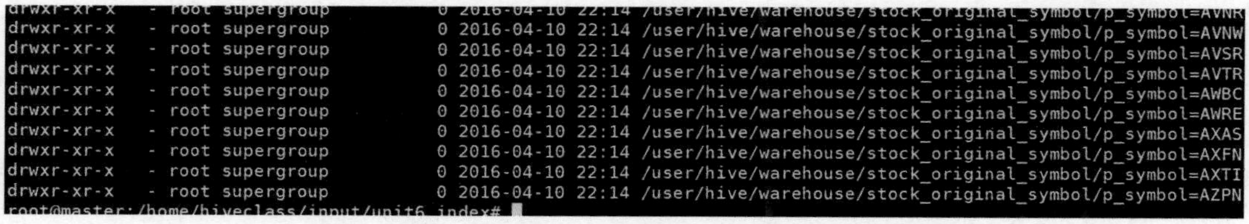

图 10-4　查看 HDFS 文件系统中的分区目录结构

10.2.3　在 MySQL 中建立数据库

1. 登录 MySQL

登录 MySQL 数据库，代码实现如下：

```
hadoop@ubuntu:~$ mysql -uhive -phive;
```

2. 创建数据库 sqlwarehouse

```
mysql> create database sqlwarehouse;
mysql> use sqlwarehouse;
mysql> source /soft/data/sqlwarehouse.sql;
```

10.2.4 使用 Sqoop 把分析结果导入到 MySQL 中

下载 Sqoop1.4.6 并修改配置文件 sqoop-env.sh。

```
# wget
http://archive.apache.org/dist/sqoop/1.4.6/sqoop-1.4.6.bin__hadoop-2.0.4-alpha.tar.gz

# tar -zxvf sqoop-1.4.6.bin__hadoop-2.0.4-alpha.tar.gz
# mv sqoop-1.4.6.bin__hadoop-2.0.4-alpha /soft/sqoop
# pwd
/soft/sqoop/conf

# cp sqoop-env-template.sh sqoop-env.sh
# vim sqoop-env.sh
# pwd
/soft/sqoop/bin
```

1. 修改配置文件

根据需要注释掉不用的配置，本案例注释掉了 HCAT_HOME、ACCUMULO_HOME 和 ZOOKEEPER_HOME。

```
# vim configure-sqoop
# sqoop version 查询sqoop版本号
```

Sqoop 版本信息如图 10-5 所示。

2. 下载 MySQL 驱动包

下载 mysql-connector-java-5.1.28.jar，并将其放到 /sqoop/lib/ 目录下。

```
root@master:/soft/sqoop/bin# sqoop version
16/04/11 20:06:31 INFO sqoop.Sqoop: Running Sqoop version: 1.4.6
Sqoop 1.4.6
git commit id c0c5a81723759fa575844a0a1eae8f510fa32c25
Compiled by root on Mon Apr 27 14:38:36 CST 2015
```

图 10-5　查询 Sqoop 版本信息

3. 列出 MySQL 数据库中的所有数据库

列出 MySQL 数据库中的所有数据库的命令如下所示：

```
#sqoop list-databases --connect jdbc:mysql://master:3306/ --username hive --password hive
```

最终结果如图 10-6 所示。

```
root@master:/soft/sqoop/lib# sqoop list-databases --connect jdbc:mysql://master:3306/ --username hive --password hive
16/04/11 20:36:36 INFO sqoop.Sqoop: Running Sqoop version: 1.4.6
16/04/11 20:36:36 WARN tool.BaseSqoopTool: Setting your password on the command-line is insecure. Consider using -P instead.
16/04/11 20:36:36 INFO manager.MySQLManager: Preparing to use a MySQL streaming resultset.
information_schema
hive
mysql
performance_schema
sqlwarehouse
```

图 10-6　列出 MySQL 数据库中的所有数据库

4. 连接 MySQL 并列出数据库中的相关数据表

连接 MySQL 并列出数据库中的相关数据表的命令如下：

```
# sqoop list-tables --connect jdbc:mysql://master:3306/sqlwarehouse --username hive --password hive
```

MySQL 数据库 sqlwarehouse 中的表如图 10-7 所示。

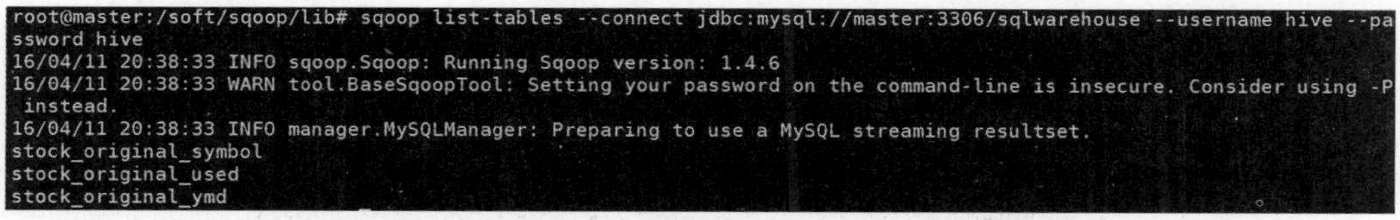

图 10-7　连接 MySQL 并列出数据库 sqlwarehouse 中的表

5. 将 Hive 中的表数据导入到 MySQL 中

（1）stock_original_used 表。将 Hive 中 stock_original_used 表导入到 MySQL 中的命令如下：

```
# sqoop export --connect jdbc:mysql://master:3306/sqlwarehouse --username hive --password hive --table
    stock_original_used --export-dir /user/hive/warehouse/stock_original_used
```

执行上述命令后的结果如图 10-8 所示。

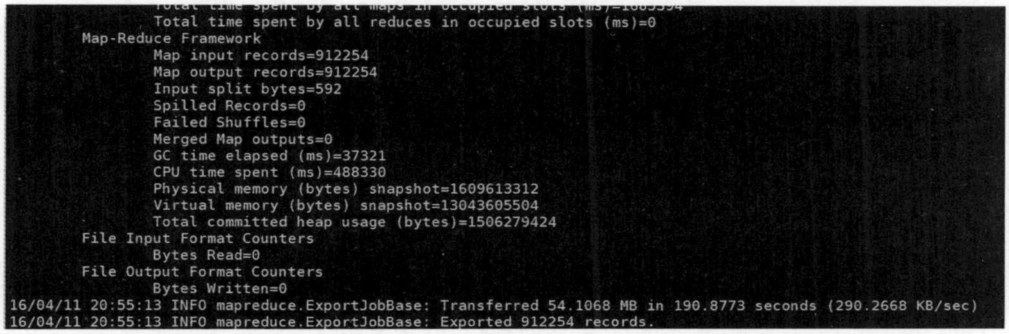

图 10-8　Hive 中 stock_original_used 表导入至 MySQL 中

（2）将 Hive 中表数据的分区表导入到 MySQL 中。stock_original_ymd 表和 stock_original_symbol 表的操作如下（因为涉及分区表，需要通过 Java 代码来实现）：在 Eclipse 中新建工程 Warehouse 并建立逻辑处理，实现 exeHiveQL 类文件，通过工具类对 Hive 仓库的数据进行读取，加载到 MySQL 数据库中。

10.2.5　程序设计与实现

通过 Sqoop 将处理后的数据导入到 MySQL 中，然后通过 JDBC 形式读取 MySQL，将结果以图表形式展示。具体代码实现见附录。其中工具类涉及的两个源文件是 getConnect.java（获取 Hive 和 Mysql 的连接对象）和 HiveUtil.java（Hive 表的相关操作）；实体类涉及的两个源文件是 Symbol.java 和 Symbolinname.java；服务层有一个源文件 SymbolService.java（股票信息查询等操作）。

10.2.6　运行并测试

运行 Eclipse，启动 Tomcat，加载程序，执行完后结果如图 10-9 和图 10-10 所示。

图 10-9　Web 页面动态加载股票代码

图 10-10　根据股票代码展示 K 线图

本 章 小 结

　　在本案例的实现过程中，将书中所学知识进行了综合运用。实践了对 Hive 数据仓库的动态分区使用和表结构建立的优化，同时对工具 Sqoop 的掌握有了较高要求。通过本案例，读者应能够灵活掌握 Hive 与 MySQL 数据库之间的数据相互导入和导出，并结合EChart 将数据直观地展现。掌握并理解本案例可为学习大数据分析打下良好的基础。

附录 1 部分类代码

1. LogCleanJob.java

```
import java.net.URI
import java.text.ParseException;
import java.text.SimpleDateFormat;
import java.util.Date;
import java.util.Locale;
import org.apache.hadoop.conf.Configuration;
import org.apache.hadoop.conf.Configured;
import org.apache.hadoop.fs.FileSystem;
import org.apache.hadoop.fs.Path;
import org.apache.hadoop.io.LongWritable;
import org.apache.hadoop.io.NullWritable;
import org.apache.hadoop.io.Text;
import org.apache.hadoop.mapreduce.Job;
import org.apache.hadoop.mapreduce.Mapper;
import org.apache.hadoop.mapreduce.Reducer;
import org.apache.hadoop.mapreduce.lib.input.FileInputFormat;
import org.apache.hadoop.mapreduce.lib.output.FileOutputFormat;
import org.apache.hadoop.util.Tool;
import org.apache.hadoop.util.ToolRunner;
public class LogCleanJob extends Configured implements Tool {
    public static void main(String[] args) {
        Configuration conf = new Configuration();
        try {
            int res = ToolRunner.run(conf, new LogCleanJob(), args);
            System.exit(res);
        } catch (Exception e) {
            e.printStackTrace();
        }
    }
    @Override
    public int run(String[] args) throws Exception {
        final Job job = new Job(new Configuration(),
            LogCleanJob.class.getSimpleName());
        // 设置为可以打包运行
        job.setJarByClass(LogCleanJob.class);
        FileInputFormat.setInputPaths(job, args[0]);
        job.setMapperClass(MyMapper.class);
        job.setMapOutputKeyClass(LongWritable.class);
        job.setMapOutputValueClass(Text.class);
        job.setReducerClass(MyReducer.class);
        job.setOutputKeyClass(Text.class);
        job.setOutputValueClass(NullWritable.class);
```

```java
        FileOutputFormat.setOutputPath(job, new Path(args[1]));
        // 清理已存在的输出文件
        FileSystem fs = FileSystem.get(new URI(args[0]), getConf());
        Path outPath = new Path(args[1]);
        if (fs.exists(outPath)) {
            fs.delete(outPath, true);
        }
        boolean success = job.waitForCompletion(true);
        if(success){
            System.out.println("Clean process success!");
        }
        else{
            System.out.println("Clean process failed!");
        }
        return 0;
    }
    static class MyMapper extends
        Mapper<LongWritable, Text, LongWritable, Text> {
        LogParser logParser = new LogParser();
        Text outputValue = new Text();
        protected void map(
            LongWritable key,
            Text value,
            org.apache.hadoop.mapreduce.Mapper<LongWritable, Text, LongWritable,
                Text>.Context context)
            throws java.io.IOException, InterruptedException {
            final String[] parsed = logParser.parse(value.toString());
            // step1：过滤掉静态资源访问请求
            if (parsed[2].startsWith("GET /static/")
                || parsed[2].startsWith("GET /uc_server")) {
                return;
            }
            // step2：过滤掉开头的指定字符串
            if (parsed[2].startsWith("GET /")) {
                parsed[2] = parsed[2].substring("GET /".length());
            } else if (parsed[2].startsWith("POST /")) {
                parsed[2] = parsed[2].substring("POST /".length());
            }
            // step3：过滤掉结尾的特定字符串
            if (parsed[2].endsWith(" HTTP/1.1")) {
                parsed[2] = parsed[2].substring(0, parsed[2].length()
                    - " HTTP/1.1".length());
            }
            // step4：只写入前三个记录类型项
            outputValue.set(parsed[0] + "\t" + parsed[1] + "\t" + parsed[2]);
            context.write(key, outputValue);
        }
    }
    static class MyReducer extends
        Reducer<LongWritable, Text, Text, NullWritable> {
        protected void reduce(
            LongWritable k2,
```

```
            java.lang.Iterable<Text> v2s,
            org.apache.hadoop.mapreduce.Reducer<LongWritable, Text, Text, NullWritable>.
                Context context)
            throws java.io.IOException, InterruptedException {
        for (Text v2 : v2s) {
            context.write(v2, NullWritable.get());
        }
    };
}
/*
 * 日志解析类
 */
static class LogParser {
    public static final SimpleDateFormat FORMAT = new SimpleDateFormat(
        "d/MMM/yyyy:HH:mm:ss", Locale.ENGLISH);
    public static final SimpleDateFormat dateformat1 = new SimpleDateFormat(
        "yyyyMMddHHmmss");
    public static void main(String[] args) throws ParseException {
        final String S1 = "27.19.74.143 - - [30/May/2013:17:38:20 +0800] \"GET /static/image/
            common/faq.gif HTTP/1.1\" 200 1127";
        LogParser parser = new LogParser();
        final String[] array = parser.parse(S1);
        System.out.println("样例数据： " + S1);
        System.out.format(
            "解析结果： ip=%s, time=%s, url=%s, status=%s, traffic=%s",
            array[0], array[1], array[2], array[3], array[4]);
    }
    /**
     * 解析英文时间字符串
     *
     * @param string
     * @return
     * @throws ParseException
     */
    private Date parseDateFormat(String string) {
        Date parse = null;
        try {
            parse = FORMAT.parse(string);
        } catch (ParseException e) {
            e.printStackTrace();
        }
        return parse;
    }
    /**
     * 解析日志的行记录
     *
     * @param line
     * @return 数组含有5个元素，分别是IP、时间、URL、状态、流量
     */
    public String[] parse(String line) {
        String ip = parseIP(line);
        String time = parseTime(line);
```

```
                    String url = parseURL(line);
                    String status = parseStatus(line);
                    String traffic = parseTraffic(line);
                    return new String[] { ip, time, url, status, traffic };
                }
                private String parseTraffic(String line) {
                    final String trim = line.substring(line.lastIndexOf("\"") + 1).trim();
                    String traffic = trim.split(" ")[1];
                    return traffic;
                }
                private String parseStatus(String line) {
                    final String trim = line.substring(line.lastIndexOf("\"") + 1).trim();
                    String status = trim.split(" ")[0];
                    return status;
                }
                private String parseURL(String line) {
                    final int first = line.indexOf("\"");
                    final int last = line.lastIndexOf("\"");
                    String url = line.substring(first + 1, last);
                    return url;
                }
                private String parseTime(String line) {
                    final int first = line.indexOf("[");
                    final int last = line.indexOf("+0800]");
                    String time = line.substring(first + 1, last).trim();
                    Date date = parseDateFormat(time);
                    return dateformat1.format(date);
                }
                private String parseIP(String line) {
                    String ip = line.split("- -")[0].trim();
                    return ip;
                }
            }
        }
    }
```

2. exeHiveQL.java

```
package com.bqp.action;
import java.sql.ResultSet;
import java.sql.SQLException;
import com.bqp.utils.HiveUtil;
import com.bqp.utils.getConnect;

public class exeHiveQL {
    public static void main(String[] args) throws SQLException {
        args[0] = "WARN";
        args[1] = "2013-03-06";
        if (args.length < 2) {
            System.out.print("请输入你要查询的条件：日志级别（INFO/ERROR/WARN）日期
                （2013-03-06）");
            System.exit(1);
        }
        String type = args[0];
```

```
    String date = args[1];
    // 在Hive中创建表
    HiveUtil.createTable("create table if not exists loginfo11 ( rdate String,time ARRAY<string>,type
    STRING,relateclass STRING,information1 STRING,information2 STRING,information3 STRING)
    ROW FORMAT DELIMITED FIELDS TERMINATED BY ' ' COLLECTION ITEMS
    TERMINATED BY ',' MAP KEYS TERMINATED BY ':'");
    // 加载Hadoop日志文件，*表示加载所有的日志文件
    HiveUtil.loadDate("load data inpath '/hiveinaction/hadoop_log.data' overwrite into table
    loginfo11");
    // 查询有用的信息，这里依据日期和日志级别过滤信息
    ResultSet res1 = HiveUtil.queryHive("select rdate,time[0],type,relateclass,information1,
    information2,information3 from loginfo11 where type='"+ type + "' and rdate='" + date + "' ");
    /* 打印则res1中不存在
    while (res1.next()) {
        System.out.println(res1.getString(1) + "\t" + res1.getString(2)+ "\t" + res1.getString(3)+ "\t" +
        res1.getString(4)+ "\t" + res1.getString(5)+ "\t" + res1.getString(6)+ "\t" + res1.getString(7));
    }*/
    // 查出的信息经过变换后保存到MySQL中
    HiveUtil.hiveTomysql(res1);
    // 最后关闭此次会话的Hive连接
    getConnect.closeHive();
    // 关闭MySQL连接
    getConnect.closemysql();
    }
}
```

3. getConnect.java

```java
package com.bqp.util;
//package com.cstore.transToHive;

import java.sql.Connection;
import java.sql.DriverManager;
import java.sql.PreparedStatement;
import java.sql.ResultSet;
import java.sql.SQLException;
import java.sql.Statement;

public class getConnect {

    private static Connection conntohive = null;
    private static Connection conntomysql = null;

    private getConnect() {

    }
    // 获得与Hive连接，如果连接已经初始化，则直接返回
    public static Connection getHiveConn() throws SQLException {

        if (conntohive == null)
        {
            try {
                Class.forName("org.apache.hive.jdbc.HiveDriver");
```

```java
        } catch (ClassNotFoundException e) {
            // TODO Auto-generated catch block
            e.printStackTrace();
            System.exit(1);
        }
        conntohive = DriverManager.getConnection("jdbc:hive2://192.168.60.190:10000/default", "root", "");
        System.out.println("getHiveConn SUCCES");
    }
    return conntohive;
}
// 获得与MySQL的连接，如果连接已经初始化，则直接返回
public static Connection getMysqlConn() throws SQLException {
    if (conntomysql == null)
    {
        try {
            Class.forName("com.mysql.jdbc.Driver");
        } catch (ClassNotFoundException e) {
            // TODO Auto-generated catch block
            e.printStackTrace();
            System.exit(1);
        }
        conntomysql = DriverManager.getConnection(
            "jdbc:mysql://192.168.60.190:3306/sqlwarehouse?createDatabaseIfNotExist=
                true&useUnicode=true&characterEncoding=UTF8",
            "hive", "hive");
        System.out.println("getMysqlConn SUCCES");
    }
    return conntomysql;
}
public static PreparedStatement prepare(Connection conn, String sql) {
    PreparedStatement ps = null;
    try {
        ps = conn.prepareStatement(sql);
    } catch (SQLException e) {
        e.printStackTrace();
    }
    return ps;
}
public static void close(Statement stmt) {
    try {
        stmt.close();
        stmt = null;
    } catch (SQLException e) {
        e.printStackTrace();
    }
}
public static void close(ResultSet rs) {
    try {
        rs.close();
        rs = null;
    } catch (SQLException e) {
        e.printStackTrace();
```

```
    }
  }
  // 在所有操作完成之后调用此方法关闭本次会话的连接
  public static void closeHive() throws SQLException {
    if (conntohive != null)
      conntohive.close();
  }
  public static void closemysql() throws SQLException {
    if (conntomysql != null)
      conntomysql.close();
  }
}
```

4. HiveUtil.java

```java
package com.bqp.util;
import java.sql.Connection;
import java.sql.ResultSet;
import java.sql.SQLException;
import java.sql.Statement;

public class HiveUtil {
  public static void createTable(String hiveql) throws SQLException {
    Connection con = getConnect.getHiveConn();
    Statement stmt = con.createStatement();
    stmt.execute(hiveql);
  }
  public static ResultSet queryHive(String hiveql) throws SQLException {
    Connection con = getConnect.getHiveConn();
    Statement stmt = con.createStatement();
    ResultSet res = stmt.executeQuery(hiveql);
    return res;
  }
  public static void loadDate(String hiveql) throws SQLException {
    Connection con = getConnect.getHiveConn();
    Statement stmt = con.createStatement();
    stmt.executeUpdate(hiveql);
  }
  public static void hiveTomysqlymd(ResultSet Hiveres) throws SQLException {
    Connection con = getConnect.getMysqlConn();
    Statement stmt = con.createStatement();
    while (Hiveres.next()) {

      String stock_id = Hiveres.getString(1);
      String exchanged = Hiveres.getString(2);
      String stock_symbol = Hiveres.getString(3);
      String ymd = Hiveres.getString(4);
      String stock_price_open = Hiveres.getString(5);
      String stock_price_high = Hiveres.getString(6);
      String stock_price_low = Hiveres.getString(7);
      String stock_price_close = Hiveres.getString(8);
      String stock_volume = Hiveres.getString(9);
      String stock_price_adj_close = Hiveres.getString(10);
```

```java
        String p_year = Hiveres.getString(11);
        String p_month = Hiveres.getString(12);
        String p_day = Hiveres.getString(13);
        String string = "insert into stock_original_ymd values('" + stock_id + "','"+ exchanged + "','" +
        stock_symbol + "','" + ymd + "','" + stock_price_open + "','" + stock_price_high + "','" +
        stock_price_low + "','" + stock_price_close + "','" + stock_volume + "','" +
        stock_price_adj_close + "','" + p_year + "','"+ p_month + "','" + p_day + "')";
        System.out.println(string);
        stmt.executeUpdate(string);
    }
}


    public static void hiveTomysqlsymbol(ResultSet Hiveres) throws SQLException {
        Connection con = getConnect.getMysqlConn();
        Statement stmt = con.createStatement();

        long startTime = System.currentTimeMillis();    // 毫秒级
        while (Hiveres.next()) {

            String stock_id = Hiveres.getString(1);
            String exchanged = Hiveres.getString(2);
            String stock_symbol = Hiveres.getString(3);
            String ymd = Hiveres.getString(4);
            String stock_price_open = Hiveres.getString(5);
            String stock_price_high = Hiveres.getString(6);
            String stock_price_low = Hiveres.getString(7);
            String stock_price_close = Hiveres.getString(8);
            String stock_volume = Hiveres.getString(9);
            String stock_price_adj_close = Hiveres.getString(10);
            String p_symbol = Hiveres.getString(11);

            String string = "insert into stock_original_symbol values('" + stock_id + "','"+ exchanged +
            "','" + stock_symbol + "','" + ymd + "','" + stock_price_open + "','" + stock_price_high + "','"
            + stock_price_low + "','" + stock_price_close + "','" + stock_volume + "','" +
            stock_price_adj_close + "','" + p_symbol + "')";
            System.out.println(string);
            stmt.executeUpdate(string);
        }
        long estimatedTime = System.currentTimeMillis() - startTime;
        System.out.println(estimatedTime);
    }
}
```

5. SymbolService.java

```java
package com.bqp.service;
import java.sql.Connection;
import java.sql.PreparedStatement;
import java.sql.ResultSet;
import java.sql.SQLException;
import java.util.ArrayList;
import java.util.List;
```

```java
import com.bqp.model.Symbol;
import com.bqp.model.Symbolinname;
import com.bqp.util.getConnect;
public class SymbolService {

  public List<Symbol> selectlist(String symbolname) throws SQLException {
    Connection conn = getConnect.getMysqlConn();
    String sql = "select * from stock_original_symbol where stock_symbol = ? order by stock_id desc; ";
    PreparedStatement ps = getConnect.prepare(conn, sql);
    List<Symbol> symbols = new ArrayList<Symbol>();
    try {
      ps.setString(1, symbolname);
      ResultSet rs = ps.executeQuery();
      Symbol c = null;
      while (rs.next()) {
        c = new Symbol();
        c.setId(rs.getInt("stock_id"));
        c.setExchanged(rs.getString("exchanged"));
        c.setSymbol(rs.getString("stock_symbol"));
        c.setYmd(rs.getString("ymd"));
        c.setOpen(rs.getFloat("stock_price_open"));
        c.setHigh(rs.getFloat("stock_price_high"));
        c.setLow(rs.getFloat("stock_price_low"));
        c.setClose(rs.getFloat("stock_price_close"));
        c.setVolume(rs.getInt("stock_volume"));
        c.setAdjclose(rs.getFloat("stock_price_adj_close"));
        c.setPsymbol(rs.getString("p_symbol"));
        symbols.add(c);
      }
    } catch (SQLException e) {
      e.printStackTrace();
      throw (e);
    }
    getConnect.close(ps);
    return symbols;
  }

  public Symbol selectone(int id) throws SQLException {
    Connection conn = getConnect.getMysqlConn();
    String sql = "select * from stock_original_symbol where stock_id = ? ";
    PreparedStatement ps = getConnect.prepare(conn, sql);
    Symbol c = null;
    try {
      ps.setInt(1, id);
      ResultSet rs = ps.executeQuery();
      if (rs.next()) {
        c = new Symbol();
        c.setId(rs.getInt("stock_id"));
        c.setExchanged(rs.getString("exchanged"));
        c.setSymbol(rs.getString("stock_symbol"));
        c.setYmd(rs.getString("ymd"));
        c.setOpen(rs.getFloat("stock_price_open"));
```

```
                c.setHigh(rs.getFloat("stock_price_high"));
                c.setLow(rs.getFloat("stock_price_low"));
                c.setClose(rs.getFloat("stock_price_close"));
                c.setVolume(rs.getInt("stock_volume"));
                c.setAdjclose(rs.getFloat("stock_price_adj_close"));
                c.setPsymbol(rs.getString("p_symbol"));
            }
        } catch (SQLException e) {
            e.printStackTrace();
        }
        getConnect.close(ps);
        return c;
    }

    public List<Symbolinname> selectsymbollist() throws SQLException {
        Connection conn = getConnect.getMysqlConn();
        String sql = "select * from symbol; ";
        PreparedStatement ps = getConnect.prepare(conn, sql);
        List<Symbolinname> symbolinnames = new ArrayList<Symbolinname>();
        try {
            ResultSet rs = ps.executeQuery();
            Symbolinname c = null;
            while (rs.next()) {
                c = new Symbolinname();
                c.setId(rs.getInt("symbol_id"));
                c.setSymbolname(rs.getString("symbol_name"));
                symbolinnames.add(c);
            }
        } catch (SQLException e) {
            e.printStackTrace();
            throw (e);
        }
        getConnect.close(ps);
        return symbolinnames;
    }
}
```

6. Symbol.java

```
package com.bqp.model;
public class Symbol {
    private int id;
    private String exchanged;
    private String symbol;
    private String ymd;
    private float open;
    private float high;
    private float low;
    private float close;
    private int volume;
    private float adjclose;
    private String psymbol;
    public int getId() {
```

```
        return id;
    }
    public void setId(int id) {
        this.id = id;
    }
    public String getExchanged() {
        return exchanged;
    }
    public void setExchanged(String exchanged) {
        this.exchanged = exchanged;
    }
    public String getSymbol() {
        return symbol;
    }
    public void setSymbol(String symbol) {
        this.symbol = symbol;
    }
    public String getYmd() {
        return ymd;
    }
    public void setYmd(String ymd) {
        this.ymd = ymd;
    }
    public float getOpen() {
        return open;
    }
    public void setOpen(float open) {
        this.open = open;
    }
    public float getHigh() {
        return high;
    }
    public void setHigh(float high) {
        this.high = high;
    }
    public float getLow() {
        return low;
    }
    public void setLow(float low) {
        this.low = low;
    }
    public float getClose() {
        return close;
    }
public void setClose(float close) {
        this.close = close;
    }
    public int getVolume() {
        return volume;
    }
    public void setVolume(int volume) {
        this.volume = volume;
```

```
  }
  public float getAdjclose() {
    return adjclose;
  }
  public void setAdjclose(float adjclose) {
    this.adjclose = adjclose;
  }
  public String getPsymbol() {
    return psymbol;
  }
  public void setPsymbol(String psymbol) {
    this.psymbol = psymbol;
  }
}
```

7.　Symbolinname.java

```
package com.bqp.model;
public class Symbolinname {
  private int id;
  private String symbolname;
  public int getId() {
    return id;
  }
  public void setId(int id) {
    this.id = id;
  }
  public String getSymbolname() {
    return symbolname;
  }
  public void setSymbolname(String symbolname) {
    this.symbolname = symbolname;
  }
}
```

附录 2 MySQL 安装

MySQL 可以安装在任意一个集群节点中，在本书中被安装在 slave2 节点，也就是 IP 为 192.168.254.131 的节点。

1. MySQL 安装

MySQL 可以通过以下两种方式进行安装。

（1）通过网络安装。

1）下载 mysql57-community-release-el7-8.noarch.rpm 的 yum 源。

```
wget http://repo.mysql.com/mysql57-community-release-el7-8.noarch.rpm
```

2）安装 mysql57-community-release-el7-8.noarch.rpm。

```
rpm -ivh mysql57-community-release-el7-8.noarch.rpm
```

3）安装 MySQL。

```
yum install mysql-server
```

（2）通过 rpm 包安装。

在 https://dev.mysql.com/downloads/file/?id=471503 上下载 mysql-5.7.19-1.el7.x86_64.rpm-bundle.tar，并将其通过 Xftp 上传到 /soft 目录中，执行如下命令。

```
tar –xvf mysql-5.7.19-1.el7.x86_64.rpm-bundle.tar
rpm -ivh mysql-community-common-5.7.19-1.el7.x86_64.rpm
rpm -ivh mysql-community-libs-5.7.19-1.el7.x86_64.rpm
rpm -ivh mysql-community-devel-5.7.19-1.el7.x86_64.rpm
rpm -ivh mysql-community-client-5.7.19-1.el7.x86_64.rpm
rpm -ivh mysql-community-server-5.7.19-1.el7.x86_64.rpm
```

2. 启动 MySQL 并创建用户

（1）启动 MySQL。

```
servcie mysqld start
```

（2）查找 MySQL 登录密码。在 CentOS7 中，MySQL 安装完毕后，会在 /var/log/mysqld.log 文件中自动生成一个随机密码，需要先取得这个随机密码，以用于登录 MySQL 服务端。

```
grep "password" /var/log/mysqld.log
```

得到的密码如附图 2-1 所示。

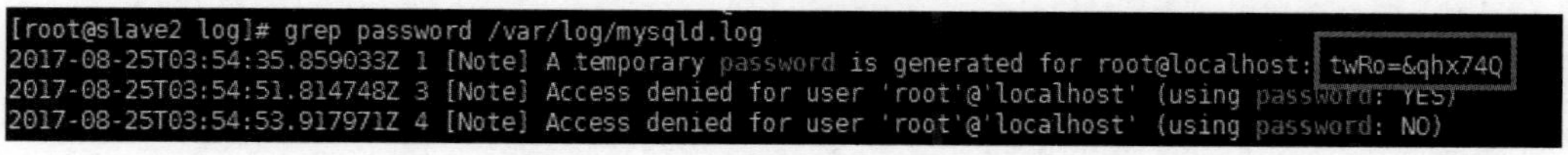

附图 2-1 查找 root 登录密码

（3）登录 MySQL。由于密码有 "=" 字符，在输入密码的时候需要加双引号（单引号也可以），如附图 2-2 所示。

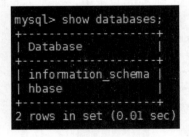

附图 2-2　MySQL 登录

（4）设置 root 用户的新密码。由于 MySQL 5.7 采用了密码强度验证插件，因此需要设置一个有一定强度的密码。

set password = password('Aa123456@')

（5）创建 Hive 用户和数据库。

CREATE USER hive@localhost IDENTIFIED BY 'Hive123@';
create database hbase;

（6）设置权限。

grant all on hive.* to hive@ '%' identified by 'hive123@';
grant all on hive.* to hive@ 'localhost' identified by 'hive123@';
flush privileges;

（7）验证。设置完权限后，必须将服务重启或系统重启，否则会报错。

servcie mysqld restart
mysql -u hive -p 'hive123@'
show databases;

通过 Hive 用户登录后会显示其所拥有的数据库，如附图 2-3 所示。

```
mysql> show databases;
+--------------------+
| Database           |
+--------------------+
| information_schema |
| hbase              |
+--------------------+
2 rows in set (0.01 sec)
```

附图 2-3　HBase 用户数据库